ANGELIKA SCHARTL

WEIN IM GARTEN

ANBAUEN & ERNTEN

Robuste Sorten als Naschobst, Saft & Wein

KOSMOS

INHALT

WEINREBEN – FÜR GARTEN & TERRASSE

Weinreben in jeder Nische

WEINREBEN – VIELSEITIG VERWENDBAR

Hausfassade und Hof zeigen verschiedene Gestaltungsmöglichkeiten mit Hausrebstöcken.

Weinreben im Garten – der perfekte Platz

Weinstöcke voller Trauben stehen für idyllische Sommertage und finden in jedem Garten eine Nische: Mit der entsprechenden Unterstützungsvorrichtung, gezieltem Anbinden und richtigem Schnitt erfreuen sie mit ihrer Schönheit und leckeren Früchten.

Rebstöcke lieben die Sonne und ertragen sowohl Hitze als auch Trockenheit. Sie sind ideal für die heißen und trockenen Sommer, die aufgrund der Klimaveränderung in den letzten Jahren immer häufiger werden.

WEINREBEN – KLIMAFIT UND ZUKUNFTSFÄHIG

Neue pilzwiderstandsfähige Züchtungen, sogenannte PiWis, haben den Rebenmarkt sowohl bei Kelter- wie auch bei Tafeltrauben in den letzten Jahrzehnten bereichert. Sie kombinieren die hervorragenden Fruchteigenschaften der Europäerrebe mit den pflanzeneigenen Abwehrmechanismen von Wildrebenarten gegenüber Schadpilzen wie Echtem und Falschem Mehltau. Häufiges Spritzen mit Fungiziden oder der Anbau von sogenannten Hybrid-Reben (frühe Züchtungen, die Trauben mit fremdartigem Geschmack, einer harten Schale und gelartigem Fruchtfleisch liefern) gehören bei Gartenreben der Vergangenheit an.

DEUTSCHLAND – WEINLAND?

Auch wenn nicht überall in Deutschland, Österreich und der Schweiz Weinberge zu finden sind, können Hausrebstöcke in allen Regionen gut gedeihen. Außerhalb von Weinbaugebieten ist es wichtig, früh reifende Sorten mit ausreichender Winterfrosthärte zu wählen und besonderen Wert auf einen geschützten Standort zu legen.
Bis zur Reife benötigen die Trauben je nach Sorte ungefähr 185 Sonnentage. Wie alle Obstgehölze brauchen Reben viel direkte Sonneneinstrahlung für die Entwicklung gesunder, süßer Früchte. Die Trauben haben abgesehen von Zucker auch wertvolle, gesundheitsfördernde Inhaltsstoffe eingelagert. Neben dem direkten Verzehr können Weinbeeren vielfältig Verwendung finden, von der

Früh reifende Rebsorten liefern auch in Regionen mit rauem Klima köstliche Trauben mit vollem Aroma. In den Porträts ab Seite 72 sind diese Sorten so gekennzeichnet:

I

Im Schutz der Hauswand herrschen auf Süd- und Südwestseite beste Bedingungen für Weinstöcke.

Dekoration von Salaten bis hin zu raffinierten Nachspeisen. Als Ausgangsprodukt sind sie nicht nur für die Weinbereitung geeignet, auch Saft, Federweißer, Marmeladen und Gelees lassen sich aus selbst geernteten Trauben herstellen.

DER BESTE STANDORT

Für die Entscheidung, Hausreben im Garten zu anzupflanzen, gibt es zwei Motivationen: Entweder möchte man Weinstöcke kultivieren oder es gibt einen idealen Standort für eine Rebe, den man bepflanzen will. Ist der Platz gewählt, kann man schon im Herbst alles für die Pflanzung vorbereiten.
Ideal für Reben im Garten sind nach Süden oder Südwesten ausgerichtete Plätze. Die Sonne liefert hier die meiste Wärme und sorgt dafür, dass von Tau oder Regen benetzte Blätter schnell abtrocknen. Sonst können sich selbst bei PiWi-Sorten Mehltaupilze ausbreiten.
Eine Mauer oder Hauswand speichert zusätzlich die Wärme und schützt vor Wind. So entsteht ein günstiges Kleinklima für die Rebe.
Ideale Standorte für einen Weinstock im Kübel sind Südbalkone. Hier bietet er neben Trauben auch Sonnen- und Sichtschutz.
Weinstöcke stellen keine großen Ansprüche an den Untergrund. Sie gedeihen auf vielen verschiedenen Bodenarten, wie sandigen und lehmigen Böden oder Muschelkalk, oft mit hohem Steinanteil. Auch leicht saure Standorte bis zu einem ph-Wert von 5 beeinträchtigen das Wachstum der Reben nicht. Sinnvoll ist auf jeden Fall, eine Bodenprobe untersuchen zu lassen. Problematisch für Weinreben sind Verdichtungen im Boden, die zu Staunässe führen. Dies ist vor allem an Hauswänden von Neubauten zu bedenken, denn neben von Maschinen festgefahrenen Böden findet man dort oft Baugruben, die mit Schutt aufgefüllt wurden. Bodenverdichtungen sollten großzügig entfernt und mit Gartenerde aufgefüllt werden.

RANKGERÜSTE FÜR WEINREBEN

Unter-
stützung
beim
Klettern

1. Wilde Weinstöcke wurzeln in der Natur unter Bäumen und klettern an ihnen nach oben, der Sonne entgegen. Im Garten erhalten Weinstöcke die notwendige Unterstützung durch fertig gekaufte oder selbst gebaute Rankhilfen. Als Unterstützungsvorrichtungen an Mauern und Fassaden eignen sich am besten Spaliere aus Edelstahlseilen oder rostfreiem Draht. Diese sollten mit einem Abstand von ungefähr 10 cm vor der Wand angebracht sein. Für die unterste Etage empfiehlt sich eine Höhe von 50 cm über dem Boden. Der Abstand zwischen den einzelnen Etagen sollte 1 m betragen. Ein dazwischen angebrachter Heftdraht erleichtert das Anbinden der Fruchttriebe. Auf diese Weise können mehrere Stockwerke übereinander angeordnet werden.

2. Spaliere aus Holz sind für die Erziehung an Wänden und in Kübeln gut geeignet. Sie passen optisch oft besser zu Zäunen und Gartenhäusern, allerdings sind sie weniger lang haltbar als Spaliere aus Edelstahl.

3. Pergolen und Lauben sowie klassische Rankgerüste oder Obeliske sind aus Metall oder Holz erhältlich. Akazienholz ist besonders witterungsbeständig.

4. Für den Weinstock im Kübel ist schnell eine Rankhilfe selbst gebaut, zum Beispiel aus stabilen Ästen oder Bambusstäben und einem Seil. Auch spezielle Rankhilfen für Rosen – aus Metall oder Holz – sind gut für Rebstöcke im Kübel geeignet.

Weinstöcke in den Garten integrieren

Kleiner Standplatz und geringe Ansprüche. Hauptsache sonnig! Ob als Schattenspender, Zaunbegrüner, Laubenschmücker, Wandverschönerer, Torhüter oder Fassadenkletterer, Weinstöcke finden in jedem Garten geeignete Plätze.

An diesem Haus bildet der Weinstock eine grüne Erweiterung des Dachs und spendet zusätzlichen Schatten für den Sitzplatz.

Hausreben sind für vielfältige Zwecke geeignet. Mit der entsprechenden Unterstützungsvorrichtung, gezieltem Anbinden und richtigem Schnitt sind der Fantasie keine Grenzen gesetzt.

WEIN ALS FASSADENBEGRÜNER

Wer bei der Gartenplanung sonnige Hauswände oder Mauern für die Befestigung von Rankgerüsten berücksichtigen kann, nutzt zusätzlich die Eigenschaft von Reben, Feuchtigkeit vom Fundament eines Hauses abzuhalten. Aber auch Träger eines Balkons, Pfosten eines Carports oder Laternenpfähle sind zum Hochziehen eines Weinstocks geeignet.
Bei größeren Klettergerüsten, an denen Weinstöcke über mehrere Etagen wachsen, sollten alle Triebe für Schnitt- und Pflegemaßnahmen, aber auch für die Ernte der Trauben erreichbar sein.

SCHATTENSPENDER

Dank ihres starken Wachstums und des dichten Laubs sorgen Reben im Sommer für Schatten, zum Beispiel an einem Sitzplatz, aber auch in einem Gewächshaus oder Wintergarten.

KLEINER WEINBERG

In einem großen Garten kann ein kleiner Weinberg gestaltet werden. Da die einzelnen Pflanzen einen Abstand von ca. 2 m benötigen, ist der Platzbedarf dafür hoch. Als Unterstützung greift man hier auf Systeme für den konventionellen Weinbau oder auf Zaunkonstruktionen zurück.

REBSTÖCKE UNTERPFLANZEN

Reben können mit vielen Pflanzen kombiniert werden. Frühlingsblüher wie Weinbergstulpen und Traubenhyazinthen, aber auch Sommerblumen oder Polsterstauden bringen Farbe rund um das Stämmchen.
An Klettergerüsten sorgen Rosen und Clematis für eine blühende Ergänzung. Mit Kiwipflanzen kommt Abwechslung in den Garten – in der Begrünung und bei den Früchten.
Kombiniert mit trockenresistenten Gewürzpflanzen wie Rosmarin, Thymian, Oliven, Zitruspflanzen, Feigen und Oleander lässt sich eine Mittelmeerecke im Garten einrichten.

1

2

1. Wie von einem Maler ins Bild gesetzt ragt der kräftige Stamm des Rebstocks aus einem bunten Sommerblumen-Teppich.

2. Kiwi und Wein an einem Rosenbogen – eine Harmonie verschiedener Blattformen und Früchte

1

Wein am Spalier

Seit der Antike werden Weinstöcke an Spalieren kultiviert. Mit frei stehenden senkrechten Pfosten und waagrechten Haltevorrichtungen lassen sich Weinreben so auch als grüne Sichtschutzwände und Raumteiler im Garten nutzen.

Die Rebe gehört zu den Lianenpflanzen und kann nicht ohne Unterstützungsvorrichtung aufrecht wachsen. Ihre Wildarten wurzeln unter Bäumen und klettern mithilfe von Ranken an ihnen hoch, der Sonne entgegen. Dort finden die Blätter ausreichend Licht für die Fotosynthese, die Bildung von Zucker und Stärke. Spaliere sind altbewährte Kletterhilfen für Weinstöcke. Sie können im Garten frei stehend aufgestellt oder an Fassaden und Mauern befestigt werden. Auch Pfosten von Carports und Balkonen können die Basis für ein Spalier bilden.

WAAGRECHTER KORDON

Am Spalier wächst der Weinstock mit einem Stämmchen nach oben und dann waagrecht zur Seite. Auf den seitlichen Verzweigungen werden die Fruchttriebe senkrecht nach oben gezogen. Dies nennt man einen waagrechten Kordon. Optimal für eine gute Ernte sind ein bis zwei Etagen, an einer hohen Wand lassen sich im Laufe der Jahre auch mehrere Ebenen bewachsen. Reichen diese bis unter das Hausdach, muss man dann allerdings für alle Arbeiten in den oberen Etagen sowie das Ernten auf eine Leiter steigen.

Das Stämmchen des Weinstocks wird in der Aufbauphase bis zur ersten Ebene des Spaliers erzogen. Eine Höhe von mindestens 50 cm sorgt dafür, dass sich die untersten Blätter oberhalb der Krautschicht befinden. So können sie besser abtrocknen und sind vor Schädlingen geschützt. Soll das Spalier höher sein, zum Beispiel an einer Hauswand bis über die Fenster reichen, sind Stammhöhen von über 2 m möglich, bevor Triebe am Spalier seitlich erzogen werden.

Die Länge der Schenkel richtet sich nach der Breite des Spaliers, da auch die zur Seite wachsenden Triebe eine Unterstützungsvorrichtung brauchen. Im Handel findet man Rankgerüste aus verschiedenen Materialen und in unterschiedlichen Formen. Kletterhilfen aus Holz passen optisch besser zu Lauben und Gartenhäusern, allerdings sind sie weniger lange haltbar als Spaliere aus Edelstahl. Da ein Rebstock an einer Hauswand oft über viele Jahrzehnte kultiviert wird, ist dies zu bedenken (siehe S. 9).

2

3

SENKRECHTER KORDON

Eine Rebe lässt sich aber auch in einem senkrechten Kordon erziehen, d. h. von einem gerade nach oben geführten Stamm werden die Fruchttriebe nach oben erzogen.

Auf diese Weise können Pfähle, Laternen, alte Baumstämme und Tragpfosten begrünt werden

1. Am Wandspalier trägt die Rebe eine reichhaltige Ernte.
2. Diese am Zaun hoch wachsenden Reben verdecken den Blick auf die Müllcontainer vor dem Haus.
3. Eine Kombination aus waagrechtem und senkrechtem Kordon gestaltet eine grüne Wand.

Pergola – von Wein umrankt

Die Weinlaube ist ein magischer Rückzugsort im Garten, in dem man dem Alltag entfliehen kann. Überdacht von Reben lässt sich hier die Freizeit besonders gut genießen.

Weinstöcke sind ideale Pflanzen für die Gestaltung von Pergolen, Lauben und Laubengängen. Sie bieten im Frühjahr einen Platz zum Sonnen und im Sommer unter einem grünen Laubdach Schatten und Schutz vor der Hitze.

MATERIALIEN FÜR PERGOLEN

Je nachdem, ob man Holz, Stein oder Metall für die Unterstützungsvorrichtung einsetzt, bekommen Weinlauben eine individuelle Atmosphäre. So lassen sich mit Metallpfosten und Stahlseilen

Ein Wohnzimmer im Grünen: An einer großzügigen Holzkonstruktion mit Pfosten und Querbalken wächst der Weinstock nach oben und bildet ein dichtes Blätterdach über der Sitzecke.

moderne Aufenthaltsorte gestalten. In Gesellschaft mit mediterranen Pflanzen und Steinmauern entstehen Ecken mit südlichem Urlaubsflair. Hölzerne Weinlauben bieten zünftige Sitzplätze, die das Gefühl einer Heckenwirtschaft vermitteln.

Holz

Geeignete Pergolen aus Holz werden als Fertigbausätze im Gartenfachhandel angeboten, sie lassen sich jedoch mit einigem handwerklichen Geschick auch selbst erstellen.

Metall

Vorgefertigte Pavillons aus Metall sind perfekte Klettervorrichtungen. Sie bieten auf der besonnten Seite einen idealen Standort für Reben. Auf der von der Sonne abgewandten Seite sind Pflanzungen von Kletterrosen oder Clematis eine gute Ergänzung und ein blühender Blickfang.
Fehlt im Garten der Platz für eine Weinlaube, erfreuen Hausrebstöcke an Kletterbögen aus Holz oder Metall gezogen mit schönem Grün und leckeren Trauben.
Für kleine Schattenplätze mit grünem Dach lässt sich auch das Gestell einer alten Wäschespindel oder eines Sonnenschirms als Klettergerüst für den Weinstock umfunktionieren.

PERGOLA BEWACHSEN LASSEN

Bis eine Pergola im Sommer ein dichtes grünes Dach aus Rebblättern besitzt, ist etwas Geduld gefragt. In den ersten Standjahren ist es wichtig, den Stamm der Weinstöcke durch entsprechenden Rückschnitt auf Dachhöhe aufzubauen. Erst danach werden die Triebe für das Dach ineinandergeflochten. Besonders hübsch ist es, wenn man für verschiedene Ecken zwei Sorten wählt, deren Blätter sich voneinander unterscheiden oder eine unterschiedliche Herbstfärbung besitzen.
Durch eine Kombination von waagrechter und senkrechter Erziehung (siehe S. 30 ff.) kann die Rebe perfekt an die Gestalt der Klettervorrichtung angepasst werden.

EINE MAJESTÄTISCHE HAUSREBE

Der Palast von Hampton Court im Süden Londons war vom 16. bis ins 18. Jahrhundert bevorzugte Residenz der englischen Könige. In seinem prachtvollen Schlossgarten findet man in einem Glashaus eine ganz besondere Majestät, den größten und vielleicht ältesten Weinstock der Welt. 1768 pflanzte der königliche Gärtner Lancelot Brown dort einen Rebsteckling der Sorte Schiava, auch Black Hamburg, Trollinger oder Vernatsch genannt. Das Gewächshaus für diese prachtvoll wachsende Rebe wurde im Laufe der Jahrhunderte mehrmals erneuert und besitzt inzwischen eine Besuchertribüne, von der aus man den königlichen Weinstock bewundern kann. Nach über 250 Jahren hat der Stamm an der Basis einen Umfang von 4 m, der längste Trieb misst über 36 m. Queen Victoria (1837–1901) hat die Trauben noch für die königliche Tafel genutzt. Ihr Nachfolger Edward VII mochte die Früchte nicht und bestimmte, dass die reichhaltige Ernte von ungefähr 300 kg jedes Jahr im September an die Besucher von Hampton Court verkauft werden sollte.

Königliche Rebe von Hampton Court

TIPI AUS WEIN SELBST BAUEN

Welches Kind wünscht sich nicht einen geheimen Rückzugsort im Garten? Ein Zelt, begrünt mit Rebstöcken, bietet ein ideales Versteck zum Spielen, Lesen und für Geheimnisvolles.

MATERIAL

- 10–12 Stangen ca. 2,20 m (z. B. Bohnenstangen oder Haselnusszweige)
- einige kürzere Stöcke zur Stabilisierung des Eingangs
- Hanfschnur zum Binden der Stangen
- 5–6 Rebstöcke, am besten eine wüchsige Sorte mit großen Blättern, z. B. Himrod (siehe S. 80)

Alles liegt bereit

SO GEHT'S

1. Für das Grundgerüst an der vorgesehenen Stelle im Garten einen Kreis mit einem Durchmesser von mindestens 130 cm markieren. Auf dem Kreis sechs Stangen mit gleichmäßigem Abstand im Boden befestigen. Diese werden zur Mitte ineinander gelehnt und an den Spitzen mit einem Hanfseil fixiert.

2. Den Eingang zwischen zwei Stangen festlegen. Diese ab einer kindgerechten Höhe mit kurzen Stöcken auf Abstand halten. So entsteht eine stabile Öffnung, die schnelle Zuflucht in das Versteck bietet. Zwischen den anderen Gerüststangen die verbliebenen Stangen einsetzen und oben mit Hanfseilen zusammenbinden.

3. Im unteren Bereich Hanfseile zwischen die Stangen spannen. Hier können die Reben angeheftet werden und die Ranken Halt finden. Die Rebstöcke gleichmäßig um das Gerüst verteilt am Fuß einer Stange einpflanzen. Eingangsstangen dabei auslassen. Pflanzen an den Gerüststangen anheften und in die richtige Richtung leiten. So knicken diese bei Wind nicht um und das Schlupfloch bleibt offen.

4. Während die Reben wachsen, die Triebe an den Stangen und Seilen zur Wigwamspitze leiten. Nach wenigen Wochen haben die Reben das Tipi umrankt. Im Laufe des Sommers wachsen die Blätterwände zu. Im nächsten Jahr wird das Zelt noch dichter.

Wein im Kübel für Balkon und Terrasse

Im Kübel gezogen hat ein Weinstock den geringsten Raumanspruch und kann selbst auf einem Balkon wachsen. Er dient als Sicht- und Sonnenschutz und liefert im Herbst Trauben zum Naschen.

Im Kübel können im Prinzip alle Sorten kultiviert werden, die auch für den Garten geeignet sind, jedoch sind weniger wüchsige Sorten eher zu empfehlen: z. B. Regent, Vanessa und Original. Diese haben oft kleinere Blätter und kürzere Internodien. Als Pflanzmaterial sollte man ein- oder zweijährige Stöcke im Container erwerben. Vom Kauf alter, knorriger Reben, die dekorativ aussehen, ist abzuraten. Meist handelt es sich dabei um Sorten, die anfällig für Pilzinfektionen sind und an deren Wurzeln sich die Reblaus vermehren kann.

DAS RICHTIGE GEFÄSS

Der Kübel sollte 30 bis 40 Liter fassen und über einen guten Wasserabfluss verfügen. Wegen des hohen Gewichts ist ein Kunststoffgefäß empfehlenswert. Ein altes Weinfass passt zwar gut zu einer Rebe, ist jedoch besser nur als Übertopf geeignet. Behälter mit Griffen oder Rollen sowie fahrbare Untersetzer sind praktisch, um den Kübel zu bewegen, zum Beispiel zur Reinigung des Untergrunds oder beim Transport ins Winterquartier.

RANKHILFEN FÜR KÜBEL

Auch im Kübel braucht der Weinstock eine Kletterhilfe. Hier können unterschiedliche Materialien eingesetzt werden, Metall ist haltbarer, Holz dekorativer. Rankt der Weinstock an einem Stab oder einem Klettergerüst, das direkt in den Topf gesetzt wird, kann die Pflanze sehr kompakt gehalten werden und nach dem Laubfall frostfrei im Haus überwintern (siehe S. 9).
Bei einer frei stehenden Pflanze mit höheren Rankhilfen direkt im Topf und einer entsprechenden Laubwand sollte man beachten, dass der Kübel leicht vom Wind umgeworfen wird.

BALKONSPALIERE

Auch von einem Pflanzgefäß aus kann eine Rebe schon im ersten Jahr über ein Gitter an der Wand oder Mauer eine größere Fläche begrünen: Ein Spalier, direkt an einer Wand angebracht, sorgt für größere Stabilität. Hier muss die Rebe jedoch draußen überwintern und benötigt einen Frostschutz. Im Handel erhältliches Frostschutzvlies, Noppenfolie oder ein großer Jutesack, der zusätzlich noch mit Stroh oder Laub gefüllt werden kann, schützt die Pflanze vor Minustemperaturen.
Frosttrocknis vermeiden: Den Winter über muss das Substrat feucht gehalten werden, um ein Austrocknen des Wurzelballens zu verhindern. Bei Minusgraden sollte jedoch nicht gegossen werden.

1

2

1. Klassische Kombination: Ein altes Weinfass dient als Gefäß für den Rebstock auf der Terrasse.

2. Modernes Design: Rebe und Trauben bilden einen Kontrast zum schlichten Kübel und der Wand.

WISSENSWERTES FÜR DIE KÜBELKUITUR

Im Pflanzgefäß sollte zuunterst eine Drainageschicht aus Kies oder Blähton eingebracht werden. Als Substrat verwendet man Kübelpflanzenerde oder versetzt zwei Teile Blumenerde mit einem Teil gebrochenem Blähton oder Bims-Kies. Dies gewährt eine gute Bodendurchlüftung und sorgt für optimales Wurzelwachstum.

Im Kübel muss ein Weinstock regelmäßig gegossen werden. Dünger für Kübelpflanzen im Gießwasser, von Beginn der Blüte bis Anfang August gegeben, sorgt für gutes Wachstum.

Wichtig ist ein ausreichender Rückschnitt im zeitigen Frühjahr auf einen oder maximal zwei Triebe. Zu dicht stehende Knospen werden ebenfalls ausgebrochen. Geiztriebe und überzählige Blütenstände sollten regelmäßig entfernt werden.

Mit zu vielen Trauben wird die Belastung des Stocks zu hoch. Je nach Alter sollten nicht mehr als vier bis sechs Fruchtstände an einer Kübelrebe belassen werden.

Sehr wohl fühlen sich Kübelreben auch in einem Wintergarten oder Gewächshaus. Günstige Bedingungen hinter Glas lassen schon im Juli die ersten Trauben reifen. Hier ist für eine gute Belüftung zu sorgen, denn bei warmen Temperaturen und hoher Luftfeuchtigkeit herrschen ideale Verhältnisse für den Echten Mehltau.

WEINREBEN – PRAXIS & PFLEGE

REBENKAUF

Hausrebstöcke erhält man meist im Container, mit einem Trieb, der an einem Stab hochgzogen ist. Besonders wichtig beim Kauf sind ein gesundes Aussehen der Blätter und der Veredelungswulst am Stämmchen unterhalb der ersten Blätter.

Gute Qualität ist das A & O

Die passenden Reben kaufen

Unbedingt nur veredelte Reben kaufen. Diese erkennt man an einer Verdickung im unteren Teil des Stammes, wo die reblausresistente Unterlage mit dem Edelreis verwachsen ist. Rebläuse sind Todfeinde der Weinstöcke.

Hausreben werden inzwischen nicht nur in Rebschulen, sondern auch in vielen Baumschulen und Gartencentern angeboten.

VEREDELTE PFLANZEN

Die Reblausverordnung schreibt vor, dass nur veredelte Weinstöcke in den Handel kommen. Sie bestehen aus dem Edelreis, das später die Früchte trägt, und einer resistenten Unterlage, die die Wurzeln bildet. An der Veredelungsstelle hat sich ein Verbindungsgewebe, der Kallus, gebildet. Man erkennt auch im verholzten Trieb eine wulstige Verdickung im unteren Teil (siehe S. 22 oben). Unterlagensorten stammen von Wildreben ab, an deren Wurzeln sich die Reblaus nicht vermehren kann. Eine biologische Schädlingsbekämpfung, die den Weinanbau in Europa aus der Reblauskrise Ende des 19. Jahrhunderts gerettet hat.

Reben, ganz gleich ob im Weinberg oder im Garten, dürfen nicht „wurzelecht", ohne Veredelung, gepflanzt werden. Denn auch außerhalb von Weinbaugebieten sind die Wurzeln von Ertragsreben, zum Beispiel bei selbst gemachten Stecklingen, Nischen für Rebläuse, die in Weinbergen ganz verheerende Schäden anrichten können.

Wie bei anderen gepfropften Gehölzen bestimmt die Unterlage die Wüchsigkeit der Pflanze. Diese ist wichtig für den Verwendungszweck. Im Kübel sollte ein Weinstock weniger stark wachsen, zur schnellen Begrünung einer Hauswand ist eine gute Wüchsigkeit dagegen vorteilhaft. Durch die Unterlagenauswahl kann zudem eine Anpassung an bestimmte Bodenverhältnisse bewirkt werden, zum Beispiel an hohe Kalkgehalte. Die Rebschulen können hierzu Auskunft geben.

Auf Hausreben spezialisierte Rebschulen bieten oft die Möglichkeit an, zur Erntezeit das **Sortiment** zu besichtigen und die Trauben zu probieren. So findet man auf jeden Fall die richtige Sorte für den eigenen Geschmack.

GUTE QUALITÄT

Qualitativ hochwertiges Pflanzmaterial ist die Basis für Rebstöcke, an denen man über Jahrzehnte Freude haben wird.

Containerreben

Zum Nachpflanzen einzelner Stöcke in bestehenden Weinbergen, aber vor allem für die Pflanzung im Garten oder in Kübeln werden von vielen Rebschulen frisch angezogene Rebstöckchen in Töpfen kultiviert, sogenannte Containerware. Diese können fast das ganze Jahr über gekauft und auch gepflanzt werden.

Pfropfreben

In den Rebschulen werden von März bis Mai Rebpflanzen für die Neuanlage von Weinbergen verkauft. Diese sogenannten Pfropfreben wurden im letzten Herbst aus der Erde genommen. Triebe und Wurzeln wurden zurückgeschnitten, die Veredelungsstelle mit einer Wachsschicht geschützt (siehe S. 25). Bei 0 °C wurden die Pfropfreben so über den Winter bis zum Verkauf in den Frühjahrsmonaten eingelagert.

Die Qual der Wahl
Die Wahl der geeigneten Sorte ist eine Entscheidung auf Dauer, denn Reben können über viele Jahrzehnte am gleichen Standort kultiviert werden. Am besten vorher verschiedene Trauben probieren.

ERKLÄRUNG DER FACHAUSDRÜCKE

- **Auge:** Knospe
- **Beere:** Einzelfrucht an einer Traube
- **Containerpflanze:** Pflanze, die im Topf angeboten wird
- **Edelreis:** Ertragsrebsorte – bildet die Triebe und liefert die Trauben.
- **Geiztrieb:** in den Blattachseln wachsender Trieb
- **Geschein:** Blütenstand der Rebe
- **Geschulterte Traube:** im oberen Teil verzweigte Traube
- **Holzreife:** Ausmaß der Verholzung, ideal ist im Trieb-Querschnitt das Verhältnis Holz zu Mark 2:1
- **Internodium:** Triebabschnitt zwischen zwei Knoten
- **Kallus:** Verwachsungsgewebe an der Veredlungsstelle
- **Knoten:** Stelle am Trieb, an der die Blätter sitzen (auch Nodium genannt)
- **Pfropfrebe:** wurzelnacktes Rebpflanzgut für den Weinberg
- **Ranken:** Halte- und Kletterorgane
- **Schenkel:** Stammteil, der zur Seite gezogen wurde
- **Strecker:** auf fünf bis acht Augen zurückgeschnittener Trieb
- **Traube:** Fruchtstand der Rebe, botanisch eine Rispe
- **Unterlage:** Teil des Rebstocks, der die Wurzeln bildet (reblausresistente Sorte)
- **Wasserschoss:** Sommertrieb aus altem Holz

Pflanzgut

Rebpflanzen für den Garten kann man in unterschiedlichen Formen und Alterstufen direkt bei Rebschulen, Gärtnereien und Gartencentern erwerben oder über das Internet bestellen.

Einjährige Containerpflanzen

Im Handel erhält man meist einjährige Containerpflanzen. Diese befinden sich in Töpfen von 15 bis 20 cm Durchmesser, haben einen grünen Trieb und sind gut bewurzelt. Stämmchen, die bei einjährigen Reben mindestens 1,5 cm dick sind und keine Schäden an der Rinde haben, sorgen für ein gutes Wachstum nach der Pflanzung.

Für ungeduldige Gärtner

Zwei- und mehrjährige Containerpflanzen

Bei zwei- und mehrjährigen Pflanzen wurde bereits mit dem Stammaufbau begonnen, und man kann schon im ersten oder zweiten Jahr nach der Pflanzung Früchte ernten. Allerdings schlägt sich dieser Vorteil im Kaufpreis nieder.

Pfropfreben

Will man eine größere Anzahl von Reben im Garten pflanzen, ist es möglich, in der Rebschule Pfropfreben zu erwerben. Diese sind wurzelnackt und haben mindestens drei gut ausgebildete Wurzeln. An der Veredelungsstelle, die mit einer Wachsschicht geschützt ist, sind Unterlage und Edelreis stabil miteinander verwachsen. Pflanzzeit für Pfropfreben ist Ende März bis Anfang Mai.

Rebstöcke pflanzen

Pflanzmaterial für Hausrebstöcke wird das ganze Jahr angeboten. Containerreben können das ganze Jahr gesetzt werden, sofern kein Frost ist. Die beste Zeit ist jedoch eine Pflanzung im Sommer. So ist die Rebe vor dem Winter gut angewachsen und ausreichend verwurzelt.

BODENVORBEREITUNG

Bereits vor dem Kauf der Reben kann die Pflanzung vorbereitet werden. Plant man, Weinstöcke vor der Hauswand anzupflanzen, stößt man oft auf Bauschutt. Aber auch an anderen Stellen im Garten können Verdichtungen im Boden auftreten. Diese müssen großräumig (ungefähr 1 m^3) beseitigt werden. Die Erde lockern und eventuell mit Gartenerde auffüllen.

REBSTOCK VORBEREITEN

Vor der Pflanzung, am besten über Nacht, sollte man die Container in Wasser einweichen. Direkt vor dem Setzen reicht ein gutes Durchfeuchten des Topfes aus.
Das Pflanzloch mit einem Durchmesser von 30 bis 40 cm sollte mindestens 40 bis 50 cm tief sein. Den Grund des Pflanzloches füllt man mit Pflanzerde. Direkt vor der Pflanzung sollte kein Kompost oder Dünger mehr zugegeben werden, da dies den jungen Wurzeln schaden würde.
Bei Pfropfreben werden die Wurzeln leicht eingekürzt, um das Wachstum anzuregen. Allerdings nicht zu stark, denn diese Wurzeln enthalten Reservestoffe, die für die erste Zeit nach dem Einsetzen gebraucht werden. Containerpflanzen werden vorsichtig aus dem Topf gelöst. Der junge Trieb kann leicht abbrechen! Hier sind keine Schnittmaßnahmen an den Wurzeln erforderlich.

PFLANZUNG DER REBEN

Beim Einsetzen der Pflanze ist darauf zu achten, dass die Veredelungsstelle, die man an der Verdickung im Stämmchen erkennt, 5 cm über der Bodenoberfläche liegt. So wird verhindert, dass das Edelreis eigene Wurzeln bildet.
Hat man die junge Rebe mit Erde fixiert, wird mit etwa 3 Litern Wasser angegossen. Beim vollständigen Auffüllen der Pflanzgrube wird ein Gießrand angelegt. Bei trockener Witterung sorgt regelmäßiges Gießen für ein gutes Anwachsen.
Pflanzt man mehrere Rebstöcke, sollte ein Abstand von 1,5 bis 2 m eingehalten werden.

Das Pflanzloch ausheben: ca. 40 cm im Durchmesser und mindestens ebenso tief

PFLANZUNG VON CONTAINERWARE – SCHRITT FÜR SCHRITT

Rebe vorher gut wässen

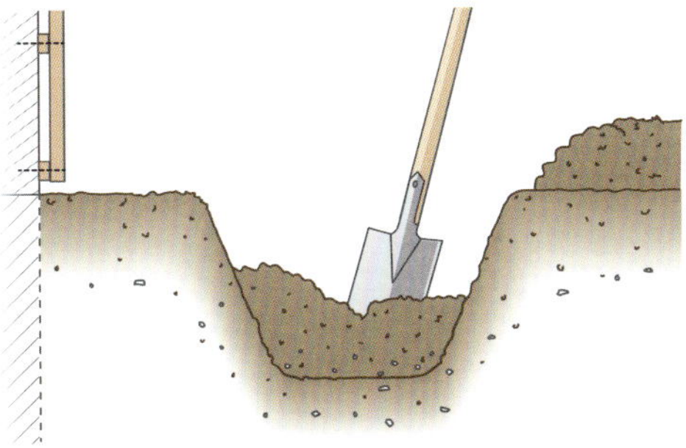

1. Ein Pflanzloch mit einem Durchmesser von 30 bis 40 cm mindestens 40 bis 50 cm tief ausheben. Von einer Mauer oder einer Wand mindestens 50 cm, von anderen Rebstöcken 1,5 bis 2 m Abstand halten. Aushub zum späteren Auffüllen geschichtet lagern. Bauschutt und Verdichtungen im Boden wenn nötig bis in 1 m Tiefe beseitigen. Den Grund des Pflanzloches mit Pflanzerde füllen. Keinen Kompost oder Dünger zugeben! Dies schadet den Wurzeln.

2. Erde im Container anfeuchten und Pflanzloch einschlämmen. Rebe mit dem Ballen vorsichtig aus dem Topf lösen. Sanftes Klopfen mit der Hand und Verformen des Topfes erleichtern das Herauslösen. Wurzeln nicht anschneiden! Pflanze so in das Pflanzloch einsetzen, dass sich die Veredelungsstelle, die man an der Verdickung im Stämmchen erkennt (Foto siehe S. 22 oben), ungefähr 5 cm über der Bodenoberfläche befindet.

3. Die Wurzeln sollten flach liegen und nicht nach oben schauen. Vor einer Mauer oder Wand die Pflanze schräg nach außen in die Erde stellen. So werden die Wurzeln aus der trockenen Zone direkt vor der Mauer gelenkt und wachsen in Richtung Garten. Aushub in umgekehrter Reihenfolge einfüllen, dabei einen Gießrand anlegen. Bei Bedarf mit zusätzlicher Gartenerde auffüllen. Erde um die Rebe herum vorsichtig festtreten. Das Weinstöckchen angießen.

4. Einen Befestigungsstab, der lang genug ist, um bis an die Kletterhilfe zu reichen, behutsam neben dem Stämmchen tiefer in das Erdreich drücken. Den Trieb daran anheften oder anbinden. So kann die Rebe gerade wachsen und ist vor Windbruch geschützt. Mithilfe des Stabes den Weinstock an die Haltevorrichtung führen. In den ersten Tagen nach der Pflanzung und bei trockener Witterung regelmäßig gießen. Dies sorgt für ein gutes Anwachsen.

1

2

1. Vor der Pflanzung wird der Wurzelballen etwas gelockert oder aufgerissen.

2. In den ersten Wochen nach der Pflanzung bei trockener Witterung regelmäßig gießen.

STÜTZEN, SCHÜTZEN & PFLEGEN

Eine neu gepflanzte, junge Rebe benötigt von Anfang an eine Haltevorrichtung. Zunächst genügt ein Stab, der lang genug ist, um die Pflanze an die Kletterhilfe zu leiten. Er wird dicht und aufrecht neben dem Trieb in die Erde gesteckt. Dieser wird daran angeheftet und gerade nach oben geleitet. So erhält man ein gerades Stämmchen.
Junges Rebholz und Blätter sind beliebt bei Kaninchen. Der beste Schutz gegen Wildfraß ist ein Drahtgitter oder eine Pflanzröhre. Diese kann beim Rebenkauf in einer Rebschule gleich miterworben werden.
Die Pflanzstelle sollte von Unkraut freigehalten werden, denn dieses steht mit der Rebe nicht nur in Konkurrenz um Nährstoffe, sondern bietet auch Unterschlupf für Schädlinge.

PFLEGEMASSNAHMEN IM 1. JAHR

Im Jahr der Pflanzung wird nur ein Trieb des Weinstocks gezogen. Sollten sich mehrere entwickelt haben, wird derjenige belassen, der in Verlängerung der Wurzelstange wächst. Die übrigen werden nach den Eisheiligen, Mitte Mai, ausgebrochen oder abgeschnitten. Auch Geiztriebe, die während des Sommers aus den Blattachseln wachsen, muss man entfernen. Regelmäßiges Aufbinden während des Wachstums sorgt für einen geraden Stamm.
Im September kürzt man die Triebspitze ein, um die Holzreife zu fördern. Vor dem Winter kann man die Jungpflanze durch Fichtenzweige, Noppenfolie oder Ähnliches vor Frost schützen.
In den ersten Standjahren, der sogenannten Stockaufbauphase, ist zügiges Wachstum wichtig. So belässt man pro Trieb nur ein bis zwei Trauben, überzählige werden gleich nach der Blüte entfernt.

Geiztriebe sollten den Sommer über regelmäßig entfernt werden.

Platzsparende Alternative

WEIN IM KÜBEL PFLANZEN – SCHRITT FÜR SCHRITT

1. Alles für die Pflanzung vorbereiten: Den Weinstock im Container wässern, damit er sich besser löst. Pflanzgefäß mit mindestens einem Durchmesser von 35 bis 40 cm (30 bis 40 Liter Fassungsvermögen), ca. 50 cm Tiefe und Wasserlöchern bereitstellen. Für die Drainage werden Tonscherben, Kies oder Blähton und ein Stück Mulchvlies benötigt. Als Substrat Kübelpflanzenerde verwenden oder zwei Teile Blumenerde und einen Teil gebrochenen Blähton mischen.

2. Im Kübelboden die Wasserlöcher mit Tonscherben bedecken und aus dem gewählten Drainagematerial eine ca. 10 cm hohe Schicht einfüllen. Mit dem Mulchvlies abdecken, um ein Verschlämmen der Drainage zu verhindern. Darauf ca. 10 cm Substrat einfüllen. Bitte keine zusätzlichen Gaben von Dünger oder Kompost, dies vertragen die jungen Rebwurzeln nicht. Soll eine Kletterhilfe mit im Topf befestigt werden, diese an einer Seite anbringen.

3. Den Weinstock durch Umdrehen und leichtes Verformen des Topfes vorsichtig aus dem Container lösen. Mittig in den Kübel stellen, sodass später die Veredelungsstelle eine Hand breit über der Erde sein wird. Darauf achten, dass die Wurzelspitzen nicht nach oben zeigen. Die Hälfte des Substrats auffüllen, reichlich gießen, den Rest des Substrats bis wenige Zentimeter unter den Topfrand auffüllen. Die Pflanze andrücken und nochmals reichlich gießen.

4. Damit der Weinstock ein stabiles Stämmchen entwickelt, einen Holz- oder Bambusstab direkt neben der Pflanze in die Erde drücken. Hier reicht meist der Stab aus dem Anzuchtcontainer. Diesen an die Kletterhilfe im Kübel oder das Spalier an der Wand leiten. Nur einen Trieb in Verlängerung des Stämmchens an der Pflanze belassen. Diesen Trieb an Stab und Unterstützungsvorrichtung bis zur Spitze anbinden. Eventuell vorhandene Geiztriebe entfernen.

Erziehung

Die Jugendzeit des Rebstocks, die sogenannte Stockaufbauphase, ist entscheidend für seine Vitalität und den späteren Ertrag. Wer mit Sorgfalt und Geduld einen guten Stockaufbau durchführt, wird über viele Jahrzehnte Freude an seinem Weinstock haben.

WERKZEUG

Für den Rebschnitt verwendet man kräftige Scheren mit gut geschärften Klingen und nicht zu breiten Backen. Ein konkaver Klingenschliff erleichtert das Schneiden. Im Fachhandel können solche Scheren für Rechts- und Linkshänder erworben werden. Hier sorgt man auch für einen fachgerechten Nachschliff. Für das Entfernen alter Holzteile, die mehr als daumendick sind, ist eine kleine Säge geeignet.

STOCKAUFBAU

In den ersten fünf Standjahren ist es wichtig, dass der Weinstock gut anwächst und sich ein stabiles Stämmchen bildet. Für ein gutes unterirdisches Wachstum wurde schon bei der Pflanzung gesorgt. In dem großzügig angelegten, gut gelockerten Pflanzloch breiten sich die Wurzeln aus – tiefgründige Fußwurzeln, bei alten Rebstöcken mehrere Meter lang, sowie Seitenwurzeln für eine gute Wasser- und Nährstoffversorgung. Durch das Wurzelwachstum wird die Pflanze immer fester im Boden verankert. Bei längerer Trockenheit reicht das Wurzelwerk in den ersten Jahren noch nicht für die alleinige Wasserversorgung aus. Hier muss man den Weinstock durch Gießen unterstützen. Nach etwa fünf Jahren ist dies bei ausgepflanzten Rebstöcken nicht mehr nötig. Auch eine gute Versorgung mit Mineralstoffen ist in den ersten Standjahren manchmal nicht gesichert. Treten an den Blättern Mangelsymptome auf, kann eine zusätzliche Düngung Abhilfe schaffen. Rund um das Stämmchen hält man den Boden unkrautfrei.

STAMMAUFBAU

Über der Erde muss zunächst der Aufbau eines Stammes erfolgen. Dieser sollte bei einem Spalier den ersten Draht erreichen und mindestens 50 cm hoch sein. Dadurch befinden sich die untersten Blätter außerhalb der Krautzone, in der Schädlinge Unterschlupf finden. Außerdem wird der Weinstock beim Jäten oder Rasenmähen nicht verletzt. Sorgfältiges Anhef-

> In den Weinbergen findet man meist eine Bogenerziehung mit acht bis zehn Augen pro Trieb.

ten an die Haltevorrichtung hilft der Rebe, gerade nach oben zu wachsen und verhindert ein Abbrechen des neuen Austriebs bei Wind.
Zur Begrünung einer Pergola oder eines Carports sind Stammhöhen von mindestens 2 m erforderlich. Hier dauert die Aufbauphase zwei oder drei Jahre. Bis der Stamm die angestrebte Höhe erreicht hat, lässt man keine Seitentriebe stehen. Zur Weiterführung nach oben wird immer der Trieb gewählt, der möglichst gerade den schon vorhandenen Stamm verlängert. Dieser sollte 8 bis 10 mm dick sein, ansonsten muss das Stämmchen eingekürzt und erst im nächsten Jahr aufgestockt werden.
Für die seitlichen Schenkel werden ein oder zwei Triebe auf Zapfen geschnitten (siehe S. 34/35). Die anderen Triebe werden entfernt.
Bei Stammhöhen über 1 m sieht der untere Teil kahl aus. Um dies zu verhindern, kann man zur Begrünung auf halber Höhe einen Trieb stehen lassen, den man auf einen Zapfen zurückschneidet.
Geiztriebe, die aus den Sommerknospen in den Blattachseln wachsen, müssen bald nach dem Austreiben entfernt werden, da sie der Rebe wertvolle Nährstoffe rauben. Solange sie noch klein sind, kann man sie abzwicken, ansonsten schneidet man sie mit einem scharfen Messer möglichst nahe am Haupttrieb ab.

Erster Winterschnitt

Im März des zweiten Standjahres, kurz bevor der Weinstock austreibt, ist Zeit für den sogenannten Winterschnitt.

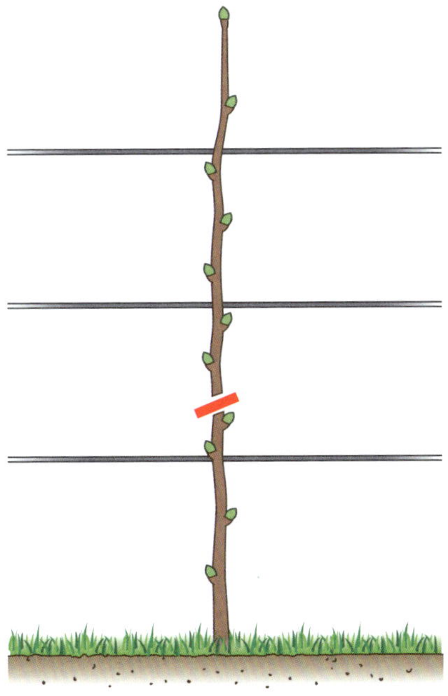

Am Spalier wird beim ersten Winterschnitt die Rebe auf zwei bis drei Augen über dem ersten Draht eingekürzt.

Der einjährige, inzwischen verholzte Trieb wird auf die gewünschte Stammhöhe zurückgeschnitten. Dort sollte er ungefähr 1 cm dick sein. An der Schnittstelle kann man in der Mitte an seiner helleren Färbung das Mark vom Holz unterscheiden. In gut ausgereiften Trieben beträgt das Verhältnis von Holz zu Mark 2 : 1 und zeigt eine optimale Reservestoffeinlagerung an. Ist das Stämmchen der Rebe noch zu dünn oder besitzt es keine ausreichende Holzreife, wird tiefer angeschnitten. Tritt an den Schnittstellen eine Flüssigkeit aus, so hat die Rebe ihre Winterruhe schon beendet, in den Leitbahnen findet ein Saftstrom statt. Dieses sogenannte Bluten schadet der Pflanze jedoch nicht. Es verhindert, dass Keime in die Verletzung eindringen.

Spalier im zweiten Sommer: Zwei Triebe der Rebe wurden zur Seite gelegt, der dritte verlängert den Stamm nach oben.

Fruchttriebe sind einjährige Triebe, die auf zweijährigen Trieben wachsen.

GESTALTUNG

Nach dem Aufbau des Stammes, dessen Höhe der entsprechenden Erziehungsform angepasst wurde, beginnt die eigentliche Gestaltung.
Erzieht man seinen Weinstock an einem Spalier, so erfolgt der Rückschnitt im Bereich der ersten Etage. Die Triebe der drei obersten Augen sind wichtig für den weiteren Stockaufbau. Die beiden unteren werden nach links und rechts gezogen und ergeben die Schenkel der ersten Etage, der Trieb aus der obersten Knospe dient der Stammverlängerung in die nächste Etage. Ist der junge Weinstock noch klein bzw. das Stämmchen noch ziemlich dünn, sollte man neben dem Spitzentrieb zunächst nur einen Seitentrieb stehen lassen und erst im Folgejahr die gegenüberliegende Seite aufbauen.
Nach den Maifrösten werden alle am unteren Teil des Stammes wachsenden Triebe entfernt, sofern sie nicht als Ersatz für erfrorene Teile benötigt werden. Die verbliebenen anderen Triebe werden locker an der Klettervorrichtung angeheftet, damit sie in die gewünschte Richtung wachsen und bei Wind nicht abbrechen.

Im dritten Jahr werden zwei einjährige Triebe zu Schenkeln der nächsten Etage. Ein weiterer dient der Stammverlängerung.

SCHNITTMASSNAHMEN IN DEN FOLGEJAHREN

Zum Aufbau der nächsten Etagen wird in den Folgejahren genauso verfahren. In Verlängerung des Stammes wird die Triebspitze eingekürzt. Sie sollte an der Schnittstelle wieder 1 cm dick sein und eine ausreichende Holzreife aufweisen. Im Idealfall reicht die Länge in die nächste Etage des Spaliers. Rechts und links oder nur auf einer Seite werden aus Seitentrieben die Grundlagen für neue Schenkel gebildet. Auf diese Art und Weise werden über Jahre der Stamm verlängert und neue Etagen besetzt, bis das Spalier vollständig bewachsen ist. Wer beim Aufbau nicht zu viele Triebe an seinem Rebstock belässt, wird später durch dessen kräftigen Wuchs mit reichhaltigen Ernten belohnt.

Winterschnitt

Ab dem zweiten Standjahr dient der Winterschnitt nicht nur dem Stockaufbau, sondern er sorgt für einen guten Fruchtansatz. Da die Anlage für die Blüte bereits im Jahr vor dem Aufblühen in der Winterknospe angelegt wird, blüht und fruchtet der Wein-

1

2

3

stock an einjährigen Trieben, die auf zweijährigem Holz stehen. Das bedeutet auch, dass diesjährige Fruchttriebe mit ihren Winterknospen die Basis für die Fruchttriebe des nächsten Jahres sind. Wer nach der Ernte die Fruchttriebe entfernt, wie dies bei Brombeeren oder Himbeeren üblich ist, wird niemals wieder Trauben an seinem Stock haben!

Um über viele Jahre schöne Trauben zu ernten und einen Rebstock lange vital zu erhalten, ist es wichtig, diesen nicht zu stark zu belasten. Der Schnitt hat nicht nur das Ziel, dem Stock eine Form zu geben, er sorgt auch für ein ausgewogenes Verhältnis von Wachstum und Ertrag. Vor allem in den ersten Jahren ist es wichtig, die Pflanze nicht zu überfordern. Wenige Triebe und höchstens zwei Trauben pro Trieb sollte ein jugendlicher Stock haben, mehr kann er nicht versorgen. Überzählige Trauben werden daher gleich nach der Blüte entfernt. Auch bei älteren Weinstöcken ist eine Reduzierung der Fruchttriebe auf sechs bis zehn Augen pro Quadratmeter empfehlenswert. Ein luftiger, lockerer Stockaufbau hilft zudem den Pflanzen, sich besser gegen Krankheiten zu schützen. Die Blätter werden gut belichtet, eine gute Fotosyntheseleistung gibt dem Stock Kraft. Schnelleres Abtrocknen durch gute Belüftung hindert Pilzsporen an der Keimung.

1. Am Stamm ist ein schlafendes Auge ausgetrieben und bildet einen Wasserschoss.

2. Zwei Etagen: Im waagrechten Kordon erzogen, wachsen die Fruchttriebe aus den Zapfen zum Heftdraht.

3. Ein Schenkel des Weinstocks mit neuen Fruchttrieben – aus der Nähe betrachtet

1

Zapfenschnitt

Der im Frühjahr durchgeführte Winterschnitt richtet sich nach der Erziehungsform des Stocks. Der Stockaufbau legte die Grundlage für einen Hochstamm, einen senkrechten bzw. waagrechten Kordon oder eine Pergola.

Die zweckmäßigste Erziehung für Weinstöcke am Haus und im Garten ist der Zapfenschnitt mit zwei Augen am senkrechten oder waagrechten Kordon.

ZAPFENSCHNITT – WAS IST DAS?

Für den Zapfenschnitt werden die im letzten Jahr gewachsenen Triebe auf zwei Knospen zurückgeschnitten. Die Schere wird so geführt, dass über dem letzten Auge noch ein Stummel von ungefähr 1 cm stehen bleibt. Dieser wird austrocknen und so die Schnittwunde verschließen. Zwischen zwei Zapfen soll der Abstand mindestens die Länge einer Rebschere betragen.

Hat man die Wahl, belässt man solche Knospen, die nach oben und von der Wand weg zeigen. So wachsen sie beim Austrieb schon in die richtige Richtung und können gut angeheftet werden. Der Zapfenschnitt soll so nah wie möglich am alten Holz erfolgen. Zu dicht stehende oder in eine falsche Richtung wachsende Triebe werden dicht am Schenkel weggeschnitten. So wird jedes Jahr beim

2

1. Die Triebe des letzten Jahres werden auf Zapfen mit zwei Augen geschnitten.

2. Nach der Winterruhe setzt der Saftstrom ein und bedingt das „Bluten" der Rebe beim Schnitt.

Winterschnitt ein neues Stockwerk auf die Zapfen aufgebaut, es entstehen immer länger werdende Höcker aus Triebabschnitten unterschiedlichen Alters.

VERJÜNGUNG EINES ZAPFENS

An mehrjährigen Stümpfen sind die Wüchsigkeit und die Fruchtbarkeit der neuen Triebe verringert, der Zapfen ist vergreist. Um dies zu verhindern, wird ein Wasserschoss, der aus dem alten Holz austreibt, als Ersatzzapfen angeschnitten. Auch hier wird solchen Schossen der Vorzug gegeben, die von der Wand weg und nach oben wachsen. Im nächsten Jahr beim Winterschnitt wird dann der alte Zapfen komplett entfernt und über den ersten beiden Knospen des Wasserschosses der neue Zapfen geschnitten.

Auch ganze Schenkel eines älteren Weinstocks, an denen nur noch die Triebe in der Nähe der Spitze gedeihen und die vorderen Abschnitte verkahlen, können durch einjährige Triebe oder Wasserschosse verjüngt werden. Hierzu entfernt man beim Winterschnitt mit einer kleinen Säge den Schenkel hinter dem ausgewählten Ersatztrieb. Ansonsten verfährt man wie bei der Stammverlängerung.

Ab dem zweiten Jahr werden einjährige Triebe auf Zapfen mit zwei Trieben zurückgeschnitten.

Mehrjährige Zapfen werden aus einem Wasserschoss verjüngt: Diesen auf zwei Augen einkürzen. Beim Winterschnitt im nächsten Jahr seine Seitentriebe verwenden, den alten Zapfen entfernen.

Weiterverwertung von Schnittgut

Schnittgut ist hervorragend für Dekorationen geeignet. Aus längeren Trieben kann man Objekte wie Kugeln oder Kränze flechten. Wasserstecklinge aus kurzen Triebabschnitten treiben grüne Blättchen aus und verkünden Wachstum.

Beim Zapfenschnitt im Frühjahr werden die letztjährigen Fruchtruten der Rebe bis auf die beiden unteren Augen zurückgeschnitten. Ab einer Länge von 40 cm kann man daraus unterschiedliche Objekte flechten. Dafür die abgeschnittenen Triebe nicht austrocknen lassen, dann lassen diese sich vorsichtig zwischen den Händen vorformen.

Kranz

Um aus dem abgeschnittenen Rebholz einen Kranz zu flechten, schließt man einen Kreis aus einem längeren Trieb. Um diesen werden die übrigen Abschnitte gewunden. Eingeflochtene Efeuranken und Blüten können eine farbige Ergänzung bringen.

Kugel

Für eine Kugel aus Rebtrieben formt man zuerst drei oder vier Kreise gleicher Größe, die mit Blumendraht fixiert werden. Ineinander gesteckt bilden sie das Grundgerüst. Nun werden die anderen Triebe hineingeflochten und mit Blumendraht befestigt. Lässt man beim Flechten an einer Seite eine Öffnung frei, kann dort ein Gefäß hineingestellt werden. Zum Beispiel eine Vase für einen Frühlingsstrauß oder ein Topf mit einer Blühpflanze.

Stecklinge

Die verholzten Triebe haben ausreichend Reservestoffe eingelagert, um auf zwei Augen reduziert in Wasser auszutreiben. Diese kleinen Stecklinge sind ein schöner grüner Tischschmuck. Später kann man die Blätter zum Salat geben, ein Pesto daraus bereiten oder einem Kaninchen verfüttern. **Hinweis:** Auch wenn diese Wurzeln bilden, dürfen sie wegen der Reblausgefahr nicht gepflanzt werden!

Zu schade zum Wegwerfen

Gestecke

Kleine Abschnitte aus getrockneten Rebtrieben eignen sich sehr gut, um dazwischen Schnittblumen zu arrangieren. Kombiniert mit Frühlingsblumen erhält man eine wunderbare Osterdekoration. Stimmungsvoll sind die Gestecke, wenn man sie in einem Weinglas arrangiert.

Die richtige Pflege

Für das Wachstum einer gesunden Rebe und die Erzeugung hochwertiger Trauben müssen Licht, Luft und Sonne die Pflanze erreichen. Dies gewährleistet man durch die Laubarbeiten während des Sommers.

1

SOMMERPFLEGE

Die Winterknospen sind ausgetrieben, die Fruchtruten mit den Gescheinen tragen Blätter und klettern mit ihren Ranken nach oben. Nach den Eisheiligen belässt man pro Zapfen nur eine Rute, die zweite wird vorsichtig ausgebrochen. Zu eng stehende Triebe werden ebenfalls ausgebrochen, sie nehmen dem Weinstock Kraft und verringern seine Vitalität.

Bald treiben die Sommerknospen in den Blattachseln zu Heiztrieben aus. Dichtes Laubwerk in der Traubenzone verhindert das Abtrocknen und bietet Nischen für Pilzsporen. So wird auch bei pilzwiderstandsfähigen Reben die Gefahr einer Infektion groß. Deshalb ist es wichtig, regelmäßig Geiztriebe zu entfernen (siehe S. 28). Aus altem Holz treiben schlafende Augen aus und bilden Wasserschosse. Sind diese nicht für die Verjüngung alter Zapfen oder Arme vorgesehene, werden sie bald nach dem Austreiben ausgebrochen. Grüne Triebe werden in die Unterstützungsvorrichtung eingesteckt und angeheftet. So sorgt man für eine gleichmäßige Verteilung und verhindert Windbruch. Zu lang gewachsene Triebe werden nach der Blüte auf sechs bis zehn Blätter nach der letzten Traube eingekürzt. Dadurch erreicht man ein ausgewogenes Verhältnis von Blatt zu Frucht und sorgt für hochwertige, süße Beeren.

Ab Ende Juli können zu lang gewachsene Triebe noch etwas eingekürzt werden, vor allem solche, die in die nächste Etage des Spaliers einwachsen oder von Pergolen oder Lauben herunterhängen. Wenn man seinen Weinstock an einem Pfosten oder einer Laterne in Form des senkrechten Kordons erzieht, sollte man die Triebe einkürzen, wenn sie acht bis zehn Blätter haben. So erreicht man einen gleichmäßigen Wuchs über den gesamten Stamm.

2

Handgriffe im Sommer

1. Das Entfernen von Blättern aus der Traubenzone sorgt für schnelles Abtrocknen und weniger Pilzbefall.

2. Ein Band hier und da schmückt die Rebe und hilft ihr, die schwerer werdenden Trauben zu tragen.

Im Spätsommer ist es ratsam, einzelne Blätter aus der Traubenzone zu entfernen. Dies unterstützt die Beerenreife. Außerdem können bei feuchtem Wetter die Trauben schneller trocknen. Auf diese Weise kann man einem Befall der Beeren mit Botrytis, der Graufäule, vorbeugen. Allerdings muss man aufpassen, dass die Beeren durch das Entlauben nicht zu plötzlich der Sonne ausgesetzt sind, sonst bekommen sie durch die UV-Strahlen Sonnenbrand in Form von braunen, unansehnlichen Flecken auf der Schale.

Die Triebspitzen werden eingekürzt. Über der letzten Blüte bleiben noch sechs bis zehn Blätter stehen.

1

2

3

Eine **Mulchschicht** um das Stämmchen herum verbessert den Boden und schützt ihn vor zu starkem Austrocknen.

BODENPFLEGE

Weinstöcke wachsen am besten in einem gut durchlüfteten, humusreichen Boden. In den ersten Jahren nach der Pflanzung ist es sinnvoll, den Boden ab und zu mit der Hacke, dem Spaten oder einer Fräse zu lockern und von Unkraut zu befreien. Eine Schicht aus Rindenmulch, Rasenschnitt oder Stroh verhindert das Austrocknen und liefert wertvollen Humus. Auch das Ausbringen von Gründüngung im Spätsommer (z. B. *Phacelia* oder eine Mischung aus Kreuzblütlern und Malven) verbessert den Boden unter den Rebstöcken.

Ab dem dritten Standjahr ist eine Unterpflanzung möglich. Gut geeignet sind frühlingsblühende Zwiebelpflanzen, Polsterstauden oder niedrig wachsende Kräuter. Saatmischungen aus Gräsern und Klee können ebenso ausgebracht werden. Diese dürfen jedoch nicht zu hoch wachsen, da sich in der Krautzone Schädlinge wie Milben aufhalten können.

BODENPROBE

Eine Bodenprobe gibt Auskunft über die Nährstoffverteilung. So lassen sich sowohl Überdüngung als auch Unterversorgung vermeiden. Im Handel erhältliche einfache Testsets zum Selbermachen ermöglichen die Bestimmung der Bodenart, des pH-Werts, und der für Pflanzen wichtigen Nährstoffe wie Phosphor, Kalium und Magnesium. Wer eine genaue Auskunft haben möchte, kann eine Probe in

einem Bodenlabor analysieren lassen. Hier werden auch Schadstoffe wie Schwermetalle bestimmt. Am besten entnimmt man im Herbst oder zeitigen Frühjahr Boden bis zu einer Tiefe von 25 bis 30 cm an 10 bis 15 Stellen des Gartens und mischt diese in einem Eimer. So entsteht eine repräsentative Probe. Die benötigte Bodenmenge hängt von der Anzahl der Analysen ab. Hierzu sollte man die Anweisungen des Labors beachten. Mit den Analyseergebnissen erhält man von vielen Labors Düngeempfehlung und Vorschläge zur Bodenverbesserung.

DÜNGUNG

Bei tiefgründigen, lockeren Gartenböden ist meist keine zusätzliche Düngung erforderlich. Auf nährstoffarmen Standorten und bei geringer Wuchsleistung reicht die jährliche Gabe von 30 bis 60 g/m² eines Mineraldüngers mit hohem Magnesiumanteil vor oder kurz nach der Blüte im Mai. Kompost oder organischer Dünger ist ebenfalls geeignet.
Falsche Düngung, vor allem zu hohe Stickstoffgaben, führt zu extremem Wuchs, Pilzerkrankungen werden gefördert und die Holzreife, die sehr wichtig für die Frosthärte ist, wird verzögert. Eine unharmonische Nährstoffversorgung kann auch dazu führen, dass vermehrt Blüten verrieseln. Unter den Pflanzennährstoffen spielt Magnesium eine wichtige Rolle, da es Bestandteil des Blattgrüns (Chlorophyll) ist, mit dem die Energie der Sonne eingefangen wird. Vor allem bei jungen Reben sind häufig Symptome von Magnesiummangel zu erkennen (siehe S. 48). Die unteren Blätter der Triebe entfärben sich. Zunächst bleibt das Blattgrün um die Blattadern noch erhalten. Wer hier gezielt düngen will, was aber im Hausgarten nicht unbedingt notwendig ist, verwendet Kalimagnesia (Patentkali) oder Kieserit (Bittersalz).

WINTERSCHUTZ

Nach der Ernte der Trauben und dem Laubfall hat der Weinstock eine Pause verdient. Reben im Kübel und junge Weinstöcke im Garten sollten in Gebieten mit starken Winterfrösten geschützt werden. Befindet sich die Rankvorrichtung im Topf, können Kübelreben im Haus oder im Gewächshaus überwintern. Ist dies nicht möglich, werden die Weinstöcke mit Noppenfolie oder mit einem Jutesack, der mit Laub oder Stroh gefüllt wurde, warm eingepackt.

1. Spezielle Mischungen zur Begrünung in den Weinbergen können auch im Garten eingesetzt werden.

2. Schnelltests für die eigene Bodenuntersuchung bestimmen den pH-Wert und einige Nährstoffe.

3. Trockenheitsverträgliche Malven sind insektenfreundlich und bringen neben Farbe auch Mineralstoffe zu den Reben.

Sortenwechsel durch Veredelung

Im Weinbau hat sich in den letzten Jahren für einen schnellen Sortenwechsel die sogenannte Standortveredelung etabliert. Dabei werden auf bestehende Rebstöcke Tragruten einer neuen Sorten aufgepfropft.

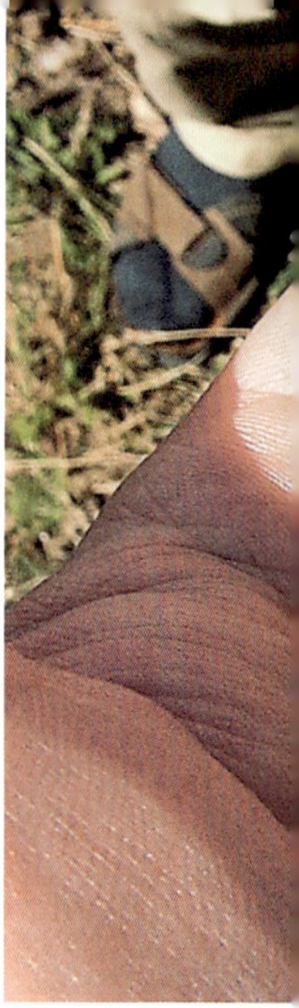

1

Auch Hausrebstöcke, die unerwünschte Eigenschaften besitzen, können auf diese Weise umveredelt werden. Der vorhandene Stock sollte gesund und nicht zu alt sein. Wer Erfahrung im Veredeln anderer Gehölze hat, kann sich so Zeit und Mühe für den Stockaufbau ersparen und schon im nächsten Jahr Trauben der neuen Sorte ernten.

VORARBEITEN IM FEBRUAR

Im Februar wird der zu veredelnde Weinstock unterhalb des ersten Spalierdrahtes abgesägt, damit sich dort Wasserschosse bilden. Oder man wählt einen geeigneten Zapfen aus und entfernt die restlichen Triebe.

Die Reiser der neuen Sorte werden auch im Februar geschnitten – aus Tragruten der neuen Sorte. Sie sollten ca. 1 cm dick sein und eine gute Holzreife besitzen. Diese erkennt man an einem Verhältnis von Holz zu Mark von 2 : 1 (im Querschnitt gut zu sehen).

Sie sollten in eine Chinosol-Lösung (1 g/l, Fachhandel) eingetaucht werden, um Pilzbefall zu verhindern. Bis zum Juni werden sie bei 3 bis 5 °C in Plastiktüten verpackt feucht eingelagert.

VEREDELUNG IM JUNI

Am alten Rebstock sind inzwischen grüne Triebe gewachsen, drei davon werden als Zielholz verwendet. Im Juni bei Temperaturen über 20 °C werden die Edelreiser fünf Tage vor der geplanten Veredelung aus der Kälte genommen und für 24 Stunden in warmem Wasser quellen gelassen, danach in einem Gefäß mit 5 cm Wasser bei warmen Temperaturen angetrieben. Wenn die Knospen anfangen an zu schwellen, ist alles in Ordnung. Bleiben diese unverändert, sind die Reiser vertrocknet und können nicht verwendet werden.

KOPULATION MIT GEGENZUNGE

Die Reiser werden auf Stücke mit zwei Augen zugeschnitten. Pro Stock kürzt man drei grüne Triebe 3 bis 4 cm über dem dritten Blatt mit einem schrägen Schnitt ein. Dazu passend wird ein gleich dickes Edelreis ca. 1 cm unterhalb eines Auges im gleichen Winkel angeschnitten. Parallel zur

2

3

Triebachse bringt man jeweils durch einen Einschnitt noch eine Gegenzunge an. Die beiden Partner ineinanderstecken – fertig.

NACH DER VEREDELUNG

Die Veredelungsstelle wird mit einem geeigneten Band umwickelt, zum Beispiel mit einem Paraffinfilm aus der Apotheke. Veredelte Triebe sind sorgfältig anzuheften, um ein Abbrechen zu vermeiden. Die übrigen grünen Triebe belässt man am Stock, schneidet sie aber nach dem dritten Blatt ab. Warmes Wetter unterstützt die Bildung eines Kallus (Wundgewebe) an der Veredelungsstelle. Ist es sehr trocken, wird ein- bis zweimal pro Woche ausreichend gegossen. Der Rebstock sollte nicht gedüngt werden, dies hätte negative Auswirkungen auf das Anwachsen.
Die jungen Blätter des schnell wachsenden neuen Triebes haben eine erhöhte Anfälligkeit für Pilzbefall. Zudem ist im Juni der Infektionsdruck sehr hoch. Deshalb sollte auch im Hausgarten eine Behandlung mit Pflanzenschutzmitteln (Fachhandel) durchgeführt werden.

1. Ein verholztes Edelreis und ein Wasserschoss am alten Stock werden im gleichen Winkel angeschnitten.

2. Kopulation mit Gegenzunge

3. Ein Wachsband schützt die Veredelungsstelle.

Wachsen Seitentriebe unterhalb der Veredelungsstelle, werden diese schnell entfernt, damit sie nicht durch Überwachsen zum Absterben des Edelreises führen. Die aufgepfropften Triebe wachsen schnell. Im nächsten Frühjahr werden sie für den Aufbau der neuen Sorte auf Zapfen zurückgeschnitten (siehe S. 34/35).

Probleme, Krankheiten und Schädlinge

Ein Weinstock kann von verschiedenen Krankheiten und Schädlingen befallen werden. Auch ungünstige Umweltbedingungen wie Frost oder Trockenheit können Schäden verursachen. Eine fachgerechte Pflege schützt die Pflanzen.

Ein gesunder Rebstock trägt köstliche Trauben.

Mangel oder Überangebot von Nährstoffen kann Schadsymptome wie Blattverfärbungen oder Verrieselung bei der Rebe hervorrufen.

PILZBEFALL

Pilze, voran Echter und Falscher Mehltau, sind die Hauptfeinde der Weinstöcke in unseren Breiten. Da die meisten Keltertrauben zur Art der Europäerrebe gehören, sind diese sehr anfällig.
Sogar PiWis, neu gezüchtete, pilzwiderstandsfähige Rebsorten mit Resistenzgenen von amerikanischen oder asiatischen Wildrebenarten, werden bisweilen von Pilzkrankheiten befallen. Sei es, dass die Witterung günstig für ihre Entstehung ist oder die Rebe keinen optimalen Standort hat. Auch nachlässig durchgeführte Laubarbeiten und zu dichte Erziehung begünstigen Pilzerkrankungen. Infektionsgefahr besteht vor allem von Juni bis August. In dieser Zeit die Blätter regelmäßig auf Befall kontrollieren!

Mehltaupilze infizieren alle Teile des Rebstocks, sogar Trauben. Ist dies passiert, fällt die Ernte aus. Pilzsporen können in Knospen und Laub überwintern. Befallenes Material stets entfernen!

TIERISCHE SCHÄDLINGE

Häufig treten tierische Schaderreger an Reben auf. Konsequentes Veredeln auf resistente Unterlagen hat die Reblaus in den Weinbergen ausgerottet. Damit dies so bleibt, ist auch im Garten das Pflanzen wurzelechter Stecklinge verboten. Auf Weinblättern finden winzige Milben Nahrung und legen dort ihre Eier ab. Zwei Wicklerarten nutzen Reben für die Eiablage, ihre Raupen verursachen Schäden an Blüten und Blättern. Reife Weinbeeren locken Vögel und Wespen. In den letzten Jahren ist ein weiterer Obstschädling, die Kirschessigfliege, bei uns heimisch geworden. Sie legt ihre Eier bevorzugt in rote Weinbeeren, von denen ihre Larven sich ernähren.

REBLÄUSE

BLATTREBLAUS Ein Befall führt zu behaarten Gallen auf den Blättern, im Inneren sind Reblaus und Eier zu erkennen. Ein Befall ist in der Regel harmlos.

WURZELREBLAUS Die Läuse sitzen auf den Wurzeln. Ein Befall führt zu angeschwollenen und verkümmerten Wurzelenden. In der Folge dringen Fäulniserreger ein, die Wurzeln sterben ab und damit der Rebstock. Vorbeugend sollte veredeltes Pflanzmaterial mit resistenten Unterlagen verwendet werden. Wichtig: Sachgerechte Pflanzung, d.h. die Veredelungsstelle muss über der Erde liegen.

FROST

Winterfrost bis -18 °C überstehen die meisten Rebsorten ohne Probleme. Besonders winterharte Sorten tolerieren sogar Perioden mit -25 °C.

KONTROLLE Knospenschnitt nach tiefen Minusgraden. Schwarz gefärbte Augen sind erfroren, grüne Augen vital. Bei Spätfrösten im Mai können junge Rebtriebe erfrieren. Sie sterben ab und färben sich schwarz.

VORBEUGUNG Geschützter Standort, Noppenfolie oder laubgefüllter Jutesack. Kübelreben im Haus überwintern.

VERRIESELUNG

Gescheine stoßen viele Blütchen und kleine Beerchen vom Stielgerüst ab. Kleine Beeren an der Traube und Ertragsminderung sind die Folge. Ursache sind Befruchtungsstörungen durch ungünstige Witterung wie Regen, Wind, Kälte, große Hitze während der Blüte, aber auch Nährstoffmangel und Nährstoffüberschuss, unsachgemäßer Herbizideinsatz und Krankheiten.

BEKÄMPFUNG Geschützter Standort, ausgewogene Nährstoffversorgung, geringe Stockbelastung und Einkürzen der Fruchttriebe.

POCKENMILBE

Pockenartige Erhebungen auf der Blattoberseite, auf der Blattunterseite Pocken mit weißem oder rotbraunem Haarfilz gefüllt, Blütenstände rötlich verfärbt und mit weißem Haarfilz, unter dem Mikroskop sind Milben zu erkennen

BEKÄMPFUNG Bei reinem Blattbefall ist keine Bekämpfung notwendig. Raubmilben betreiben in den Pocken eine biologische Schädlingsbekämpfung. Bei befallenen Blütenständen kann eine Austriebsbehandlung mit Schwefelpräparaten und Ölen erfolgen.

KRÄUSELMILBE

Kleine, löffelförmig gewölbte und gekräuselte Blätter mit Verfärbungen an gestauchten, jungen Trieben, im Gegenlicht sternförmige Aufhellungen im Blatt, später im Jahr Zerreißen der Blätter. Unter dem Mikroskop sind Milben zu erkennen.

BEKÄMPFUNG Bei akutem Befall im Sommer regelmäßige Behandlungen mit Netzschwefel. Kräuselmilben überwintern in den Knospen. Bei Vorjahresbefall sind Spritzungen mit Schwefel vor dem Austrieb durchzuführen. Ansiedelung von Raubmilben.

BEKREUZTER UND EINBINDIGER TRAUBENWICKLER

Die 1. Generation der Traubenwickler legt die Eier in den Blüten ab, die 2. im Sommer auf den Beeren. In den Blüten fressende Raupen (Heuwürmer) lassen die Gescheine vertrocknen. In den Gespinsten findet die Verpuppung statt. Die Raupen der 2. Generation (Sauerwurm) durchbrechen die Beerenhaut und fressen das Fruchtfleisch. Befallene Beeren sind anfällig für Grauschimmel.

BEKÄMPFUNG Gespinste mit Raupen entfernen, bei extremen Befall Schlupfwespen einsetzen.

FALSCHER MEHLTAU

Helle Flecke auf der Blattober-, weißer Pilzrasen auf der -unterseite. Flecke verfärben sich braun, stark befallene Blätter fallen ab. Trauben zuerst mit weißem Pilzrasen, danach sterben sie ab. Ältere Beeren schrumpfen zu Lederbeeren.

VORBEUGUNG Standort mit langer Sonneneinstrahlung, luftige Erziehung durch genügend Abstand der Fruchtruten und Entfernen von Geiztrieben.

BEKÄMPFUNG Infizierte Pflanzenteile entfernen, bei starkem Befall Pflanzenschutzmittel einsetzen.

ECHTER MEHLTAU

Junge Triebe mit mehlartigem Belag, verholzte Triebe mit braunen Flecken. Blütenstände sterben ab. An älteren Blättern ab Juli braune Stellen auf der Unterseite, auf der Oberseite grauer Belag. Beerenhaut platzt: Samenbruch.

VORBEUGUNG Standort mit langer Sonneneinstrahlung, luftiger Stockaufbau.

BEKÄMPFUNG Infizierte Pflanzenteile entfernen, bei starkem Befall Pflanzenschutzmittel (Fachhandel) einsetzen. Bei starkem Vorjahresbefall Blüte mit einem Schwefelpräparat behandeln.

GRAUSCHIMMEL, BOTRYTIS

Grauschimmel befällt vor allem Beeren. Grüne Teile sind mit einem grauen Pilzrasen überzogen, Gescheine sterben ab, an den Trauben fault das Stielgerüst. Bei unreifen Beeren Sauerfäule, bei lesereifen Trauben Edelfäule.

VORBEUGUNG Günstiger Standort, luftiger Stockaufbau. Keine hohen Stickstoffgaben (fördern den Befall).

BEKÄMPFUNG Junge Trauben bei akutem Befall mit Pflanzenschutzmitteln (Fachhandel) behandeln. An Knospen, jungen Trieben und Holz ist keine Bekämpfung möglich.

EISENMANGEL-CHLOROSE

Junge Blätter verfärben sich zwischen den Blattadern gelb, manchmal sind auch ganze Triebspitzen betroffen, ebenso Ranken und Gescheine, alte Blätter bleiben grün.

VORBEUGUNG Bodenverdichtungen beseitigen, Staunässe vermeiden.

BEKÄMPFUNG Bei anhaltender Trockenheit zuweilen gießen; Gründüngung oder Kompost zugeben, um das Bodengefüge zu verbessern; pH-Wert überprüfen, bei Werten über 6,5 diesen mit Bittersalz oder kalkfreiem Torf senken.

MAGNESIUMMANGEL-CHLOROSE

Alte Blätter verfärben sich zwischen den Blattadern, gelb bei Rotweinsorten auch rot, junge Blätter sind ohne Symptome. Magnesium wird aus dem Blattgrün entfernt und in die wachsenden Triebspitzen transportiert.

VORBEUGUNG Für ausgeglichenes Wachstum sorgen, Bodenuntersuchung vor der Pflanzung.

BEKÄMPFUNG Gründüngung oder Kompost zugeben, Mineraldünger mit hohem Magnesiumgehalt oder Bittersalz in Wasser auflösen und die Pflanze damit gießen.

TROCKENSCHÄDEN

Bei Wassermangel hängen zunächst die Blätter schlaff an den Trieben herab. Später vergilben diese an der Triebbasis. Ranken vertrocknen, Beeren verfärben sich bläulich und schrumpfen ein. Bei anhaltendem Wassermangel kommt es auch zum Vergilben der Blätter in der Traubenzone und zum Eintrocknen der Triebspitzen.

VORBEUGUNG Vor allem in den ersten fünf Standjahren regelmäßig gießen, für ausgeglichenes Wachstum sorgen, ältere Reben bei anhaltender Trockenheit gründlich wässern.

SONNENBRAND

Zu hohe Temperaturen und intensive UV-Strahlung verursachen Schäden an den Trauben. Besonders empfindlich sind diese in der zweiten Reifephase ab dem Weichwerden der Beeren. Diese verfärben sich rötlichblau bis -braun, beginnen zu welken und trocknen schließlich ein.

VORBEUGUNG Nach längeren Perioden mit bedecktem Himmel und plötzlicher starker Sonne keine Blätter vor den Trauben entfernen, einige Blätter am Trieb oberhalb der Traubenzone belassen und so für eine Beschattung der Beeren sorgen.

VÖGEL UND WESPEN

Reife Beeren locken Stare und Amseln an. Besonders beliebt sind rote Sorten, aber auch gelbe Trauben sind willkommene Nahrung. Wespen befallen vor allem frühreife, süße Sorten. Sie durchbeißen die Beerenhaut und fressen das Fruchtfleisch. An den Fraßstellen tritt Fäulnis auf.

BEKÄMPFUNG Vogelabwehr wie Staniolstreifen oder alte CDs einsetzen. Spät reifende Sorten wählen, Wespen-Köderfallen entfernt vom Weinstock aufhängen. Organzasäckchen, die im Fachhandel für den Obstbau erhältlich sind, schützen vor Vogel- und Wespenfraß.

KIRSCHESSIGFLIEGE

Weibchen der Kirschessigfliege stechen zur Eiablage intakte Beeren an, bevorzugt frühreife rote Sorten mit dünner Schale. Einstichlöcher an der Eiablagestelle mit zwei weißen Fäden, die mit dem Ei verbunden sind. Larven zerstören das Fruchtfleisch, befallene Trauben verfärben sich, trocknen aus oder faulen aufgrund von Infektionen.

VORBEUGUNG Entblättern der Traubenzone, gute Belüftung der Trauben, Verpacken der Trauben in Organzasäckchen (s. o.).

Der Weinstock im Jahresverlauf

Bereits im vergangenen Jahr beim Austrieb wurden in der Winterknospe die Blütenstände für die diesjährige Ernte angelegt. Lederartige Knospenschuppen umhüllen die in wolliges Gewebe eingehüllte Sprossanlage.

1

FRÜHLING

Steigen im Frühjahr die Temperaturen über 10 °C wird die Winterruhe beendet, der Saftstrom aus den Wurzeln beginnt. An den Schnittstellen treten Tropfen aus, die Rebe blutet (siehe S. 35). Ist die notwendige Temperatursumme für die entsprechende Sorte erreicht, brechen die Knospen auf.

Bald entfalten sich die ersten Blätter. Auch die als Gescheine bezeichneten Blütenstände kann man schon bald entdecken. Dazwischen sind Ranken angeordnet, die zum Klettern und Festhalten dienen. In ihrer Abstammung entsprechen sie den Blütenständen, sodass man bisweilen auch Übergangsstadien findet. Die Form der Blätter und der Triebspitzen sind Merkmale für die Sortenbestimmung.

In den Blättern wird aus Wasser, dem Kohlendioxid aus der Luft und der Sonnenenergie Zucker hergestellt. Das bedeutet, dass ein harmonisches Verhältnis von Blattwerk und Fruchtanlagen die Grundlage für die Vitalität des Weinstocks und die Bildung wohlschmeckender Trauben ist.

An einem Geschein befinden sich je nach Sorte 50 bis über 200 zwittrige Rebblüten. Sechs bis acht Wochen nach dem Austrieb öffnen sich die Blütchen, indem sich von unten die Blütenkrone wie eine kleine Kappe ablöst. Fünf Staubbeutel werden sichtbar und entlassen die Pollen. Um die Gescheine sind die Blätter mit gelbem Blütenstaub bedeckt. Dies ist völlig harmlos und kein Anzeichen einer Pilzinfektion. Zu diesem Zeitpunkt haben sich über 90 % der Blütchen schon selbst befruchtet.

SOMMER

Warmes, windstilles Wetter bietet ideale Bedingungen für den Fruchtansatz und somit eine gute Ernte. Kühles, windiges und regnerisches Wetter stört den Blühverlauf und die Befruchtung. Nicht

Austrieb,
Blüte,
Beeren

2

3

4

bestäubte Fruchtanlagen werden abgestoßen, die Gescheine verrieseln.

HERBST

Aus befruchteten Blütchen entwickeln sich durch rege Zellteilungen kleine Beeren. Bald hängen kleine Trauben am Weinstock.
Warme Tage und viel Sonne lassen die Beeren reifen. Haben sie ungefähr die Größe eines Schrotkorns erreicht, werden vermehrt Wasser und Zucker eingelagert, Säuren werden abgebaut. Die Früchte werden heller und durchscheinend. Im Gegenlicht kann man die Kerne erkennen. Auf der Beerenhaut entwickelt sich eine Wachsschicht, der sogenannte Duft.
Hat man eine zweijährige Containerpflanze gesetzt, kann man bereits im Jahr nach der Pflanzung Blüte und Beerenentwicklung beobachten und im Herbst die ersten Trauben ernten. Ansonsten muss man noch ein weiteres Jahr Geduld haben.

1. Aufbrechende Knospe im Frühling
2. Zwischen den Blättchen sind die Blütenanlagen zu erkennen.
3. Im späten Frühjahr kann man die Gescheine entdecken, die unauffälligen Blütenstände des Weinstocks.
4. Befruchtete Blütchen entwickeln sich zu kleinen Beeren.

Die Traubenernte

Der Sommer neigt sich dem Ende entgegen und endlich ist es soweit – die Trauben sind reif. Helle Sorten tragen goldgelbe Beeren, die roten Sorten sind dunkelblau gefärbt. Zeit, die köstlichen Früchte zu ernten.

Im Laufe des Sommers sind an den Weinstöcken die kleinen, grünen Beerchen, die schon nach der Blüte an den Trauben zu erkennen waren, gewachsen und gereift. Je nach Sorte, Standort und Sommerwetter dauert die Entwicklung von der Blüte bis zur Reife zwischen 60 und 120 Tagen. In der letzten Phase der Reife werden vermehrt Wasser und Zucker eingelagert, Säuren abgebaut und sortentypische Aromastoffe gebildet. Die Beeren werden weich, die Trauben färben sich.

ERNTEREIFE

Die Reife ist an einem verholzten Traubenstiel, der sortentypischen Beerenfarbe, einer weichen Konsistenz bei Fingerdruck und einem angenehm süßen, aromatischen Geschmack zu erkennen. Zu welchem Zeitpunkt die Beeren am besten schmecken, hängt vom individuellen Geschmack ab. Wer den Zuckergehalt genau bestimmen will, sollte wie die Winzer ein Refraktometer (siehe S. 69) verwenden. Mit wenigen Tropfen Saft wird damit der Öchslewert bestimmt. Will man später aus den Trauben Wein bereiten, ist dies auf jeden Fall eine sinnvolle Investition.

RICHTIG ERNTEN

Für die Ernte verwendet man am besten eine Rebschere oder eine stabile Gartenschere, mit der man die komplette Traube am Stiel vom Rebstock abschneidet. Bitte beachten: Einmal vom Stock entfernt reifen Trauben nicht nach. Für den Direktverzehr und für die Küche schneidet man deshalb am besten nur so viele Trauben ab, wie gerade benötigt werden.
Bei den am Stock verbleibenden Trauben werden aufgeplatzte, von Wespen angefressene oder faule Beeren vorsichtig herausgezupft, um weitere Infektionen und Fäulnis zu verhindern. So können diese noch zwei bis drei

> Pflanzt man in seinem Garten Sorten mit unterschiedlichen Reifeeigenschaften, kann man von **Mitte August bis spät in den Oktober** hinein frische Trauben ernten.

Die Arbeit hat sich gelohnt. Voll mit süßen, köstlichen Trauben lädt der Weinstock zum Ernten ein.

Wochen am Stock hängen bleiben, und nach und nach geerntet werden. Wird das Wetter kühl und feucht, besteht eine hohe Infektionsgefahr der reifen Beeren mit Fäulniserregern. Nun sollte man die restlichen Trauben komplett abernten, noch einmal auf geschädigte und angefressene Beeren kontrollieren und diese vorsichtig abzupfen. In ein feuchtes Tuch oder Küchenkrepp gewickelt und in eine Plastiktüte verpackt halten die Trauben im Kühlschrank bis zu zwei Wochen. Wer einen kühlen und luftigen Platz zur Verfügung hat, kann die Trauben dort, an Schnüren aufgehängt, sogar noch etwas länger aufbewahren.

Ein mit Trauben gefüllter Erntekorb wartet auf hungrige Naschmäuler.

WEINTRAUBEN WEITER-VERARBEITEN

KLASSISCHE KOMBINATION

Süße Weintrauben harmonieren perfekt mit herzhaftem Käse. Dazu passt ein knuspriges Brot.

Trauben zubereiten oder haltbar machen

Trauben schlemmen wie im Paradies – nicht nur als Obst, auch als Zutat in der Küche sind Weinbeeren vielseitig verwendbar. Sie machen aus süßen oder pikanten Speisen Delikatessen.

SÜSS UND SALZIG

Weinbeeren kann man vielseitig in der Küche verwenden. Klassisch ist die Kombination von Trauben und Käse als Dessert oder eingenständige Mahlzeit. Als Zahnschutz-Duo bekannt bildet der Käse einen Schutzfilm für den Zahnbelag und die Polyphenole der Weintrauben hemmen das Wachstum von Kariesbakterien.
Obstsalate, das Frühstücksmüsli oder leckere Nachspeisen erhalten durch frische Weinbeeren neben einem besonderen Geschmack auch einen gewissen Biss.
Marmeladen und Gelees lassen sich am besten aus grob zerkleinerten Trauben bzw. Traubensaft zubereiten. Bei sehr süßen Sorten ist die Zugabe von sauren Säften oder Ascorbinsäure sinnvoll. Würzige Kräuter wie Minze oder Melisse geben der Marmelade eine pikante Note.
Viele Obstkuchenrezepte lassen sich mit Trauben zubereiten. Als Belag auf einem Boden, eingebacken in einen lockeren Rührteig, zusammen mit Quark in einen Strudel gerollt oder verpackt in aufwendigen Torten, alles lässt sich aus der eigenen Ernte herstellen.
Pikante Speisen, würzige Blattsalate, Soßen zu Geflügel und Wild oder auch fernöstliche Chutneys werden durch die Zugabe von Weintrauben verfeinert. Sehr große Beeren mit deutlichen Kernen sollte man allerdings vor der Verwendung in der Mitte halbieren und entkernen.

TRAUBEN HALTBAR MACHEN

Die Beeren mancher Rebsorten, zum Beispiel von Himrod, kann man sogar am Stock zu Rosinen eintrocknen lassen. Aus anderen kernlosen Traubensorten erzeugt man Rosinen am besten in einem Dörrapparat oder bei niedrigen Temperaturen (40 bis 50 °C) für sechs bis acht Stunden im Backofen.

Weinblätter

Nicht nur die Früchte, sondern auch die ungespritzten Blätter eines Weinstocks sind essbar. Junge Blätter können roh Salaten beigefügt werden – sie haben ein leicht säuerliches, fruchtiges Aroma. Blanchierte ältere Blätter können mit unterschiedlichen Füllungen versehen zu köstlichen Röllchen bereitet werden.

Rezepte mit Trauben und Blättern

Unzählige Gerichte, Kuchen und Salate können mit Weintrauben zubereitet werden. Auch aus den Blättern lassen sich köstliche Speisen zaubern. Hier eine kleine Auswahl aus meinem Kochbuch.

Pesto aus Weinblättern

Zutaten:

- 50 g junge unbehandelte Weinblätter
- 100 ml Olivenöl
- 50 g Walnusskerne
- 1 Knoblauchzehe
- etwas Salz
- evtl. Parmesan

So geht's:

Weinblätter waschen, Stiele entfernen, Blätter zerkleinern. Walnüsse grob hacken, Knoblauchzehe in Scheiben schneiden. Mit dem Olivenöl in einem hohen Gefäß mit dem Stabmixer pürieren. Nach Belieben kann auch etwas geriebener Parmesan hinzugefügt werden.

Bayerischer Traubenkuchen

Zutaten für den Teig:

- 200 g Mehl
- 50 g Zucker
- abgeriebene Schale einer halben Zitrone
- Prise Salz
- 3 EL Wasser
- 100 g weiche Butter

Zutaten für den Belag:

- 50 g Zucker
- 1 TL Zimt
- 100 g gemahlene Mandeln
- 600 g Weinbeeren, kernlos oder entkernt
- 3 Eier
- 200 g Sahne
- abgeriebene Schale einer halben Zitrone

So geht's:

Aus den Teigzutaten einen Knetteig zubereiten, eine halbe Stunde ruhen lassen. Eine gefettete Springform damit auslegen, dabei einen 3 cm hohen Rand formen. Zucker, Zimt und gemahlene Mandeln vermischen und auf den Teigboden streuen. Die Weinbeeren halbieren und darauf verteilen. Eier, Sahne und abgeriebene Zitronenschale zu einem Guss verrühren und auf dem Kuchen verteilen.
Auf der mittleren Schiene des Backofens ca. 40 Minuten bei 200 °C (Umluft 180 °C) backen.

Medi-
terranes
Flair

Weinblätter mit Füllung

Zutaten:

- 24 unbehandelte Weinblätter
- 3 EL Olivenöl
- Saft einer Zitrone

Zutaten für die Füllung:

- 100 g roher oder 300 g gekochter Reis
- 1 EL Tomatenmark
- 1 Tasse Hülsenfrüchte (Linsen, Kichererbsen oder Bohnen)
- 3 EL kleingeschnittene schwarze Oliven
- 1 kleingeschnittene Zwiebel
- 1 kleingeschnittene Knoblauchzehe
- 1 TL Balsamico-Essig
- 1 Zweig Minze, kleingeschnitten
- Salz und Pfeffer

So geht's:

Weinblätter mit kochendem Wasser übergießen und 5 Minuten ziehen lassen. Vorsichtig mit dem Schaumlöffel aus dem Wasser heben und in einem Nudelsieb abtrocknen lassen.
Gekochten Reis mit den anderen Zutaten verrühren. Blattstiel der Weinblätter abschneiden. Mit der Unterseite nach oben legen und einen Esslöffel der Füllung daraufgeben. Seiten einklappen und von der Basis zur Spitze einrollen. In einem Topf mit Wasser bedecken, Olivenöl und Zitronensaft zufügen. Bei mittlerer Hitze 30 bis 45 Minuten köcheln lassen, bis das Wasser verdampft ist. Heiß oder kalt servieren.

Gorgonzola-Toast mit Trauben

Zutaten:

- Toastbrotscheiben oder dick geschnittenes Weißbrot
- Gorgonzola
- Weintrauben
- Thymian, Pfeffer

So geht's:

Backofen auf 180 °C vorheizen. Das Brot toasten. Den Gorgonzola in Scheiben geschnitten darauf verteilen. Weinbeeren waschen, halbieren und, wenn nötig, entkernen. Brote mit den Beeren belegen, mit Thymian und frisch gemahlenem Pfeffer würzen. Im Backofen für ungefähr 5 Minuten überbacken, bis der Käse zu verlaufen beginnt.

Gesundheit vom Weinstock

Menschen und Weinstöcke haben eine sehr lange Beziehung. Schon vor 5000 v. Chr. begann die Kultivierung von Weinreben für den Verzehr von Trauben und die Herstellung von Wein. In vielen Kulturen war Wein nicht nur Getränk, sondern auch Medizin.

Kerne mitessen! Sie enthalten wertvolle, gesundheitsfördernde Substanzen wie Antioxidantien und ungesättigte Fettsäuren.

INHALTSSTOFFE

Schale, Fruchtfleisch und Kerne der Trauben sind voller gesunder Nähr- und Inhaltsstoffe. Traubenzucker ist leicht verdaulich und versorgt den Körper schnell mit Energie. Schalen und Kerne enthalten viele Ballaststoffe und fördern die Verdauung. B-Vitamine und Mineralstoffe wie Kalzium, Kalium, Phosphor und Magnesium unterstützen Wohlbefinden und Immunsystem.

BEEREN

Weinbeeren enthalten eine Vielzahl sekundärer Pflanzenstoffe, darunter Flavonoide, Resveratrol und oligomere Procyanidine, sogenannte OPCs. Diese Substanzen haben antioxidative Eigenschaften. Sie unterstützen die Gefäßgesundheit, beugen so Herz-Kreislauferkrankungen und Arteriosklerose vor und schützen vor Krebs. Die Inhaltsstoffe der Beeren hängen von Sorte, Reifegrad und Standort ab. In roten Trauben ist die Konzentration der Antioxidantien höher, doch generell verfügen alle Weinbeeren über eine hohe Konzentration an gesunden Nähr- und Inhaltsstoffen. Diese bleiben bei der Versaftung erhalten oder werden sogar angereichert. So ist Traubensaft reich an B-Vitaminen, Mineralstoffen und Antioxidantien und damit eine wertvolle Nahrungsergänzung.

KERNE

Kerne sind besonders reich an OPCs. Außerdem besitzen sie einen hohen Gehalt an ungesättigten Fettsäuren, die für einen ausgeglichenen Cholesteringehalt im Blut sorgen. Aus den Kernen wird Traubenkernöl gewonnen, ein Konzentrat hochwertiger Inhaltsstoffe. Für einen Liter des Öls benötigt man die Kerne von etwa zwei Tonnen Trauben.

BLÄTTER

Auch in den Blättern der Weinrebe findet man gesundheitsfördernde Inhaltsstoffe. Extrakte aus rotem Weinlaub werden in der Medizin bei

Venenerkrankungen eingesetzt. Die wirksamen Bestandteile sind die Flavonoide wie Quercetin und das Rutin. Diese erhöhen die Elastizität der Venen, stabilisieren die Gefäßwände und fördern die Durchblutung in den kleinsten Blutgefäßen.

WIE GESUND IST WEIN?

Bei der Weinbereitung bleiben die meisten der gesundheitsfördernden Substanzen aus den Trauben erhalten. Schon in der Antike wurde Wein medizinisch genutzt. Neben dem Einsatz als Heilmittel bei vielen Erkrankungen wurde Wein als Antiseptikum und als Badezusatz verwendet. In der Pharmazie war Wein ein wichtiger Träger für Arzneistoffe und war mit diversen Zusätzen als Medizinalwein erhältlich. Auch heute noch kann man in der Apotheke Pepsinwein beziehen, Wein, dem das verdauungsfördernde Enzym Pepsin zugesetzt wurde.

Neben der positiven Wirkung der Antioxidantien für die Gefäßgesundheit und als Schutz vor Krebs unterstützt der Weingenuss auch einen balancierten Cholesterinspiegel. Wegen des Alkoholgehalts sollte Wein jedoch maßvoll konsumiert werden.

1

2

3

1. Bei vielen blauen Rebsorten befinden sich die Farbstoffe vor allem in der Beerenhaut.

2. Auch gelbe Weinbeeren enthalten zahlreiche gesundheitsfördernde Substanzen.

3. Extrakte aus Weinlaub unterstützen bei Venenerkrankungen.

Saft aus eigenen Trauben

Ist die Traubenernte reichlich, kann man daraus Saft oder Federweißer herstellen. Die Beeren sollten dafür gut gereift sein, einen hohen Zuckergehalt besitzen und ihr volles Aroma entwickelt haben. Ein harmonisches Verhältnis von Fruchtsäuren und Zucker sorgt für einen guten Geschmack.

1

SAFT

Weintrauben haben gut gepresst eine Saftausbeute von etwa 60 %. Für frischen Saft oder das Kochen von kleineren Mengen Gelee pflückt man die Beeren vom Stielgerüst und zerkleinert sie grob. Danach presst man sie in einer Kartoffelpresse oder einem Plastikbeutel. Die so gewonnene Flüssigkeit wird bei Bedarf noch durch ein Leintuch oder einen Kaffeefilter gegossen.

Zur Entsaftung von kleinen Mengen Trauben kann man sogenannte Slow-Juicer verwenden. Saftzentrifugen können nur bei kernlosen Sorten eingesetzt werden, da die Kerne bei der Verarbeitung angerissen werden, der Saft schmeckt dadurch bitter. Auch Dampfentsafter sind wenig geeignet. Neben dem hohen Energieaufwand zerstört man durch die Hitze wichtige Enzyme. So gewonnener Saft kann nicht zu Wein verarbeitet werden.

Klarer Traubensaft ist Ausgangsprodukt für wohlschmeckende Gelees. Diese werden besonders köstlich, wenn man eine Mischung aus Traubensaft und Wein verwendet.

TRAUBENGELEE

Zutaten:

- 1,5 l Traubensaft
- 750 g Gelierzucker 2:1
- Saft und abgeriebene Schale von 2 Bio-Zitronen
- 3 Zweige Pfefferminze, grob gehackt

So geht's:

Den Traubensaft mit dem Gelierzucker in einem hohen Topf verrühren. Die abgeriebenen Zitronenschalen hinzugeben. Nach Zubereitungsangaben auf dem Gelierzucker unter ständigem Rühren einige Minuten sprudelnd kochen lassen. Von der Kochstelle nehmen, Zitronensaft und Pfefferminze unterrühren. Das Gelee randvoll in Gläser füllen, heiß verschließen und ca. 10 Minuten auf den Deckel stellen. Während des Abkühlens ab und zu bewegen, damit sich die Pfefferminze nicht auf dem Boden absetzt.

1. Süßes Traubengelee schmeckt nicht nur auf dem Brötchen zum Frühstück, sondern auch zu Wild oder kräftigem Käse.

2. Aus 1 kg Trauben erhält man ungefähr 500 bis 600 ml Traubensaft.

2

MOST

Will man größere Mengen Trauben versaften – Winzer nennen diesen Traubensaft Most –, benötigt man eine Obstmühle und eine kleine Presse. Kleine Geräte sind für Füllmengen von 2 bis 20 kg geeignet und arbeiten entweder mechanisch oder, was die Arbeit erleichtert, mit Wasserdruck. Vor der Zerkleinerung faule oder angefressene Beeren entfernen. Nach der Zerkleinerung erhält man die Maische. Diese wird in die Presse gefüllt.
Der so erhaltene Saft ist trüb und muss noch geklärt werden. Dies erreicht man durch Zugabe von

Kraft schonende Presse

Eine kleine, mit Wasserdruck betriebene Presse ermöglicht die einfache Saftgewinnung.

TIPP

Hygienisches Arbeiten erhöht die Haltbarkeit. Nach sorgfältiger Reinigung mit kochendem Wasser können Glasflaschen abgetrocknet und für 15 Minuten bei 130 °C im Backofen sterilisiert werden, bevor sie mit Saft befüllt werden.

Enzymen, den sogenannten Pektinasen. Diese verdauen die Zellwände des Fruchtfleisches. Nach einer Einwirkzeit von sechs bis acht Stunden erhält man einen ziemlich klaren Saft.

Abfüllen und lagern

Frisch hergestellter Traubenmost kann, in Flaschen gefüllt, kalt gelagert werden. Hierbei ist besondere Sorgfalt notwendig, denn schnell können Infektionen mit Hefen oder Schimmelpilzen auftreten. Die Flaschen müssen vor dem Befüllen mit 6 %iger schwefeliger Säure gespült und mit destilliertem Wasser nachgewaschen werden.
Auch bei kühler Lagerung ist der Saft für den schnellen Verzehr innerhalb von drei Monaten bestimmt.

Haltbar machen

Zum Haltbarmachen wird Most für eine halbe Stunde bei mindestens 75 °C pasteurisiert und in Flaschen abgefüllt. Nicht zu heiß werden lassen, sonst verändert sich der Geschmack!

FEDERWEISSER

Federweißer, auch Sauser, Bitzler, Rauscher oder Bremser genannt, ist eine Vorstufe zu Weißwein. Er enthält noch viel Zucker aus den Trauben, Kohlensäure und wenig Alkohol. Most von blauen Trauben wird im Handel als „Federroter" bezeichnet. Lässt man frischen Most bei Zimmertemperatur stehen, beginnt nach kurzer Zeit die alkoholische Gärung. Hefen, die die Beerenhaut besiedeln, verarbeiten Zucker zu Alkohol und Kohlensäure. Wer mag, kann auch hier Trockenreinzuchthefen einsetzen. Nach kurzer Zeit beginnt es zu blubbern, Kohlensäurebläschen steigen nach oben. Damit das entstehende Gas entweichen kann, darf man die Flaschen nicht fest verschließen. Schon nach ein bis zwei Tagen kann man den Federweißen probieren. Zuerst schmeckt er süß und enthält wenig Alkohol, im weiteren Verlauf nimmt die Süße ab, der Alkoholgehalt steigt. Wenn das Getränk den passenden Geschmack erreicht hat, kann man die offenen Flaschen in den Kühlschrank stellen und damit die Gärung stoppen. Dort ist er bis zu zehn Tage haltbar und verändert seinen Geschmack kaum. Vorsicht: Durch die Süße unterschätzt man die Wirkung des Alkohols. Je nach Zeitpunkt der Gärung kann der Alkoholgehalt bis zu 10 % betragen.

1

2

1. Muskelkraft sorgt bei dieser manuellen Presse aus Holz für die Saftausbeute.

2. Ein Glas Federweißer zu einem Zwiebelkuchen in der Laube genossen, ist ein herrlicher Lohn für die Pflege eines Weinstocks.

WEINBEERENGUMMI ZUM NASCHEN

ZUTATEN

– 50 g frische Trauben (ergeben ca. 100 ml Traubensaft)
– 2 Päckchen Speisegelatine oder Agar Agar (18 g)
– 25 g Zucker
– 12 g Agavendicksaft oder flüssigen Honig
– 3 g Zitronensäure
– etwas Speisestärke
– neutrales Speiseöl

GERÄTE UND ALLES, WAS MAN SONST NOCH BRAUCHT

– Küchenmesser
– Kartoffelpresse
– große Schüssel
– Kaffeefilter
– Gefäß zum Auffangen
– Kochtopf
– Kochlöffel
– Küchenwaage
– kleiner Pinsel
– kleines Sieb
– kleiner Messbecher mit Ausguss
– Formen zum Ausgießen aus Silikon, Eiswürfelformen oder Pralinenschachtel-Einsatz

Kinderleicht und lecker

1. Die Trauben waschen und abtropfen lassen. Beeren in der Mitte teilen und entkernen, dann kleinschneiden. Jeweils 1/3 der Beerenstücke in die Kartoffelpresse geben und den Saft herausquetschen. Die Flüssigkeit durch einen Kaffeefilter gießen und in einem Gefäß auffangen.

2. Gelatine in einen kleinen Kochtopf geben und in 30 ml Traubensaft 5 Minuten quellen lassen. In der Zwischenzeit durch das kleine Sieb die Formen mit Speisestärke einstäuben.

3. Den Rest des Traubensaftes mit Zucker, Agavendicksaft (alternativ: Honig) und der Zitronensäure vermischen.

4. Nach Ablauf der Quellzeit Gelatine im Topf auf kleiner Stufe unter Rühren auflösen und die restlichen Zutaten untermischen.

5. Flüssigkeit aus dem Topf in den kleinen Messbecher füllen und portionsweise in die bemehlten Formen gießen.

6. Nach 3 Stunden sind die Weinbeerengummis fest. Jetzt aus den Formen drücken. Um ein Verkleben zu verhindern, entweder rundherum leicht mit Speisestärke bestäuben oder mit einem neutral schmeckenden Speiseöl bepinseln.

Eigener Wein

Wein aus selbst angebauten Trauben zu bereiten – davon träumen viele Rebstockbesitzer. Mit der richtigen Ausstattung und dem nötigen Know-how ist dies keine Zauberei!

Neben geeigneten Rebsorten, dem richtigen Zubehör und einem Platz, an dem man hygienisch arbeiten kann, benötigt man noch einen gut temperierten Raum für die Gärung und natürlich die notwendige Sachkenntnis. Für die Zubereitung von Wein aus der eigenen Traubenernte dürfen nur ausgereifte Trauben mit vollem Aroma und einem ausgeglichenen Verhältnis von Zuckergehalt und Säuren verarbeitet werden.

SÜSSE UND SÄURE

Das Mostgewicht der Trauben für die Weinerzeugung muss mindestens

Ein Gläschen vom eigenen Wein im Garten genießen – herrlich!

80 °Öchsle betragen. Dies entspricht einer Zuckermenge von 130 g/l. Moste für Beerenauslesen haben Werte von 135 °Öchsle, das entspricht einer Zuckermenge von 320 g/l. Oberhalb dieser Grenze können Hefezellen nicht mehr arbeiten und es ist daher keine Gärung mehr möglich.
Ist der Zuckergehalt im Most zu niedrig, so kann man ihn durch Zugabe von Zucker erhöhen. 24 g Zucker zu einem Liter hinzugefügt, erhöhen das Mostgewicht um 10 °Öchsle. Auch süße Traubensäfte können eingesetzt werden. Je höher der Zuckergehalt im Most, umso höher wird der Alkohol im erzeugten Wein.
Bei fehlender Säure kann der Hobbywinzer nachhelfen. Eine Zugabe von bis zu 2 g Weinsäure pro Liter steigert besonders bei frühreifen Sorten die Harmonie des Weines.

VON DER TRAUBE ZUR MAISCHE

Um einen schmackhaften Wein herzustellen, ist eine Mindestmenge von 20 Litern Most sinnvoll. Dies bedeutet, dass ungefähr 35 kg Trauben zu Saft verarbeitet werden müssen. Vor der Zerkleinerung in der Obstmühle werden die Beeren vom Stielgerüst gepflückt. Faule und angefressene Beeren sind zu entfernen, da diese den Geschmack negativ beeinflussen. Wäscht man die Trauben vorher, sollten diese gut abtrocknen.

Aus der Mühle kommt eine Mischung aus Saft, Fruchtfleisch, Schalenteilen und Kernen, die sogenannte Maische. Für die Bereitung von Rotwein wird diese in Bottichen vergoren. Bei der sogenannten Maischegärung werden die Farbstoffe aus den Beerenhäuten gelöst. So erhält der Rotwein seine dunkle Farbe.
Für die Herstellung von Weißwein wird die Maische in die Presse gefüllt, der Saft wird von den festen Teilen abgepresst. Vergärt man den Saft von roten Trauben wie bei der Weißweinherstellung, erhält man einen hellen, gerbstoffarmen Wein entsprechend dem Rosé-Wein vom Winzer.

Zur Reifekontrolle wird mit einem Refraktometer aus dem Beerensaft der Zuckergehalt bestimmt.

Gärung im Gang

Mit einem Gäraufsatz und einen Zapfhahn zum Probieren versehen ist dieser Glasballon gut geeignet.

WEINBEREITUNG: VOM SAFT ZUM WEIN

Auf der Beerenhaut befindet sich eine Mikroflora aus Hefen und Bakterien, die abhängig von der Sorte, dem Standort und der Witterung ist. Diese bleibt bei der Verarbeitung der Trauben zu Maische und Most erhalten. Um Federweißen herzustellen, kann man sich auf die Aktivität der Hefen der Beerenhaut verlassen. Bei der Weinherstellung ist es besser, nicht auf eine Spontangärung durch die eigenen Hefen der Beeren zu vertrauen, sondern Trockenhefen und Hefenährsalze nach Angaben des Herstellers dem Most zuzusetzen. Diese garantieren einen guten Gärverlauf und verhindern das Entstehen von Fehlaromen. Die Weinhefen wandeln nicht nur den Zucker in Alkohol und Kohlendioxid um, sie erzeugen auch Aromastoffe, die sogenannten Gärbukette, die einen entscheidenden Anteil am Weingeschmack haben.

Gärgefäße

Geeignete Gärgefäße sind Glasballons oder Fässer aus Kunststoff. Letztere haben den Vorteil, dass sie leichter zu transportieren sind.

So funktioniert die Weinbereitung

Die Behälter werden nur zu etwa 80 % befüllt, damit ausreichend Steig-

raum für die Gärgase vorhanden ist. Zum Schutz vor unerwünschten Mikroorganismen und Lufteinflüssen wird auf 10 l Most 1 g Kaliumdisulfid zugesetzt.
Als Verschluss verwendet man die zum Gärgefäß passenden Aufsätze. Gärröhrchen oder Gärspunde werden mit Wasser gefüllt, dem man noch Schwefeldioxid zusetzen kann. Wie über ein Ventil kann das bei der Gärung entstehende Kohlendioxidgas entweichen, ohne dass der Gäransatz verunreinigt wird. Die Gärbehälter werden bei einer möglichst gleichbleibenden Raumtemperatur von 15 bis 20 °C untergebracht. Bald sieht man Gasbläschen aufsteigen und hört ein Blubbern.
Nach ca. vier Wochen ist die Gärung abgeschlossen, die Hefen setzen sich am Boden des Gärbehältnisses ab. Manchmal schließt sich jetzt noch der sogenannte biologische Säureabbau an. Milchsäurebakterien aus der Mikroflora der Beeren verwandeln Apfelsäure in die milder schmeckende Milchsäure. Für eine Harmonie zwischen Zucker und Säure im Wein sollte dieser Vorgang nicht zu weit fortschreiten. Überprüfen Sie regelmäßig den Geschmack und filtrieren oder klären Sie notfalls den werdenden Wein.
Nun werden die Gärbehälter vollständig aufgefüllt, verschlossen und kühl gestellt. Nach weiteren sechs bis acht Wochen wird der Wein von der Hefe absaugt und zum Ruhen in große Gefäße gefüllt. Am besten benutzt man dazu einen Weinheber aus dem Fachhandel oder einen Gummischlauch zum Ansaugen. Jetzt ist ebenso wie bei der endgültigen Füllung in Flaschen im Frühjahr ein Zusatz von 30 bis 50 mg/l Kaliumdisulfid sinnvoll. Neben der antibakteriellen Wirkung verhindert dies die Oxidation und überdeckt unerwünschte Nebenprodukte der Gärung.
Zur endgültigen Lagerung sind Flaschen mit Schraubverschlüssen am besten geeignet. Bleibt nur noch ein „Zum Wohl“ zu wünschen.

Trockenhefen und Nährsalze sorgen für eine reibungslose Gärung und eine gute Aromabildung.

REBSORTEN IM PORTRÄT

Meine Lieblingstraube? Geschmackssache!

Die Sortenpalette an pilzwiderstandsfähigen Hausreben hat sich in den vergangenen Jahren ständig erweitert. Viele Rebschulen und Obstbau-Institute bieten im September Verkostungen an.

Um aus dem vielfältigen Angebot die richtige Rebe für den eigenen Garten aussuchen zu können, ist Folgendes zu beachten:
Pilzwiderstandsfähigkeit: Das wichtigste Merkmal! Sorten, die sich nicht gegen den Befall mit Mehltaupilzen wehren können, müssen regelmäßig gespritzt werden und sind für den Hobbyanbau nicht zu empfehlen.
Wüchsigkeit: Wie schnell ein Weinstock wächst, hängt von Boden, Pflege und Unterlage ab. Starkwüchsige Sorten sind eher zum Begrünen von Wänden oder Pergolen geeignet, schwachwüchsige für die Kultivierung im Kübel.
Reifezeitpunkt: Wer Platz für mehrere Stöcke hat, sollte Sorten mit unterschiedlichen Reifeeigenschaften auswählen. Außerhalb von Weinbaugebieten sind früh reifende Sorten zu bevorzugen.
Frosthärte: Außerhalb von Weinbaugebieten, vor allem in Gegenden mit langen, harten Wintern und einer hohen Spätfrostgefahr, sollte Wert auf eine gute bis sehr gute Frosthärte gelegt werden.
Beereneigenschaften: Beerenschalen und Kerne werden oft als störend empfunden, vor allem von Kindern. Hier sollte man auf die entsprechenden Angaben achten und sich für Sorten ganz ohne oder nur mit kleinen Kernen entscheiden.

Welche Traubensorte schmeckt am besten? Kinder naschen am liebsten kernlose Beeren.

Beerenfarbe: Ob in Gelb, Blau oder Rosa, in jeder Farbe findet man wohlschmeckende Sorten. Schön, wenn man mehrere Plätze für unterschiedliche Stöcke hat.
Geschmack: Einige Sorten haben ein ausgeprägtes Erdbeeraroma. Dies macht sie zu Liebhaberreben. Für viele ist ihr Geschmack jedoch ungewohnt.
Saft- und Weinbereitung: Nicht jede Sorte eignet sich gut zum Pressen. Wer Saft oder sogar Wein aus eigener Ernte herstellen will, sollte darauf achten.
Herbstlaub: Manche Reben haben wunderschöne rote Herbstblätter. Besonders dekorativ ist die Kombination von zwei Sorten mit unterschiedlicher Herbstfärbung.

BEERENEIGENSCHAFTEN

	**Farbe**	gelb - goldgelb - hellgrün - grün - rot - rosarot - blau - tiefblau
	**Form der Trauben**	einfach - geschultert
	Größe	klein - mittel - groß - sehr groß
	Dichte der Beeren	kompakt - lockerbeerig - einzeln hängend
	**Form der Beeren**	rund - oval - länglich - dattelförmig
	Größe	klein - mittel - groß - sehr groß
	**Geschmack**	neutral - fruchtig - Muskatton - Erdbeeraroma sauer - harmonisch - süß - sehr süß
	Beerenhaut	dünn - weich - knackig - hart
	Kerne	kernlos - wenige Kerne bzw. Kerne stören nicht - Kerne stören kaum - Kerne stören
	Mundeindruck	angenehm saftig - unangenehm glitschig

ANGELA

III

HERKUNFT Ungarische Tafeltraubenzüchtung, Seyve villard x Halili Krasznuey. Hinweis: Unter dem Namen Angela ist selten auch eine italienische Tafeltraubensorte erhältlich: eine reine Europäerrebe *(Vitis vinifera)* ohne Pilzwiderstandsfähigkeit.

GESUNDHEIT Die Widerstandsfähigkeit gegen Falschen Mehltau ist gut, gegen Echten Mehltau mäßig. Die Sorte weist eine sehr gute Frosthärte auf.

FRUCHT Die sehr großen, geschulterten Trauben tragen sehr große, ovale, gelbgrüne Beeren – mit knackiger Beerenhaut und wenig störenden Kernen. Der Geschmack der empfehlenswerten Ess- bzw. Tafeltraube ist leicht süß und feinfruchtig aromatisch. Die späte Sorte liefert stabile Erträge. Gekühlt können die Trauben länger als 14 Tage gelagert werden.

WUCHS Relativ kräftig mit geringer Geiztriebbildung.

ARKADIA

I

HERKUNFT Tafeltraubenzüchtung aus der Ukraine, Kreuzung aus Moldova x Cardinal.

GESUNDHEIT Die Widerstandsfähigkeit gegen Echten und Falschen Mehltau ist sehr gut. Auch ihre Frosthärte überzeugt.

FRUCHT Sehr große Trauben mit gelbgoldenen, sehr großen Beeren, die leicht oval geformt sind. Die wenigen Kerne werden nicht als störend empfunden. Der Geschmack der Tafeltraube ist angenehm süß mit einem feinfruchtigen Aroma. Arkadia liefert sichere und hohe Erträge. Diese empfehlenswerte Esstraube ist auch für den kommerziellen Tafeltraubenanbau geeignet. Wegen der Regenempfindlichkeit der Beeren wird hier eine Überdachung empfohlen.

WUCHS Kräftig.

BIANCA

HERKUNFT Ungarische Tafel- und Keltertraube, Eger 2 x Bouvier.

GESUNDHEIT Die Sorte weist eine sehr hohe Widerstandsfähigkeit gegen Echten und Falschen Mehltau auf. Die Frosthärte ist sehr gut. Bei schlechter Witterung während der Blüte (Regen, Wind, keine Sonne) neigt Bianca zur Verrieselung.

FRUCHT Die eher kleinen Trauben sind lockerbeerig und tragen mittelgroße, gelbgrüne Beeren mit einer knackigen Schale. Der Geschmack der frühen Sorte ist süß mit einem leichten Muskataroma. Die empfehlenswerte Tafeltraube eignet sich auch gut für die Traubensaft- und Weinbereitung.

WUCHS Aufrecht und kräftig.

BIRSTALER MUSKAT

HERKUNFT Tafeltraubenzüchtung aus der Schweiz, Kreuzung aus Seyval blanc x Bacchus. Die Sorte ähnelt der blauen Sorte Muscat bleu und kann wie diese auch in höheren Lagen angepflanzt werden.

GESUNDHEIT Sehr gute Widerstandsfähigkeit gegen Echten und Falschen Mehltau. Die Frosthärte ist gut.

FRUCHT Die mittelgroßen bis großen, lockerbeerigen Trauben sind mehrschultrig. Für den kommerziellen Anbau werden ein bis zwei Schultern entfernt. Die mittelgroßen, runden, gelben bis grünlichen Beeren haben eine knackige Schale. Sie schmecken süß mit einem feinen Muskataroma. Auf der sonnenzugewandten Seite färben sich die Beeren goldgelb. Bei Überreife schrumpfen die Beeren rosinenartig ein, können jedoch wegen der Kerne nicht als Rosinen verwertet werden. Die Sorte hat ein langes Erntefenster.

WUCHS Mittelstark und aufrecht.

BOSKOOPS GLORIE

II

HERKUNFT Ältere, nordamerikanische Sorte, Primitivo (Zinfandel) x Ontario.

GESUNDHEIT Die Sorte weist eine zufriedenstellende Widerstandsfähigkeit gegen den Echten und den Falschen Mehltau auf. Ihre Frosthärte ist gut.

FRUCHT Die mittelgroßen, lockerbeerigen Trauben tragen mittelgroße bis große, runde Beeren in einem dunklen Blauton. Der Geschmack ist angenehm süß mit einem ausgeprägten Erdbeeraroma. Da dieses Aroma nicht jedem Geschmack zusagt, ist Boskoops Glorie eine Liebhabersorte. Sie wird in vielen Ländern angebaut.

WUCHS Mittelstark. Die dekorativen Blätter überzeugen mit einer sehr schönen, roten Herbstfärbung.

CAMPBELL EARLY

I

HERKUNFT Nordamerikanische Züchtung aus Moore Early (Concorde Sämling) x (Belvidere x Muscat Hamburg).

GESUNDHEIT Die robuste Sorte weist eine gute Widerstandsfähigkeit gegen Echten und Falschen Mehltau auf. Ihre Frosthärte ist gut.

FRUCHT Die großen, blauen Beeren wachsen in sehr lockerbeerigen, großen Trauben und haben einen süßen Geschmack. Ihr ausgeprägter Erdbeerton macht sie zu einer Liebhabersorte. Die Sorte ist gut für die Saft- und Weinbereitung geeignet.

WUCHS Sehr kräftig. Wegen ihrer auffallend großen Blätter eignet sich diese Sorte ideal zur Begrünung von Fassaden und Pergolen. Die Blätter färben sich im Herbst wunderschön gelb.

FANNY

II ❄ ✂

HERKUNFT Ungarische Züchtung. Im Stammbaum sind die Sorten Eger und Seyve Villard vertreten.

GESUNDHEIT Die Widerstandsfähigkeit gegen Pilzerkankungen ist gut. Auch die Frosthärte ist gut.

FRUCHT An den großen bis sehr großen Trauben wachsen sehr große, ovale Beeren. Diese sind gelbgrün gefärbt und besitzen eine knackige Schale, die Kerne stören nicht. Der Geschmack ist süß, fein aromatisch und fruchtig. Aufgrund ihrer attraktiven Trauben mit den großen Beeren, der guten Geschmackseigenschaften und des hohen Ertrags ist Fanny sogar eine vielversprechende Tafeltraube für den kommerziellen Anbau.

WUCHS Starkwüchsige Speisetraube.

FRUMOSA ALBA, FRUMOASA ALBA

II ❄ ✂

HERKUNFT Tafeltraubenzüchtung aus Moldawien, Kreuzung aus Guzal kara x Seyve Villard 20-473.

GESUNDHEIT Eine Sorte mit einer sehr guten Widerstandsfähigkeit gegen Echten und Falschen Mehltau sowie einer hervorragenden Frosthärte.

FRUCHT Die großen, lockerbeerigen Trauben haben ein rötliches Stielgerüst. Bei Vollreife verfärben sich die großen, ovalen Beeren gelblich grün. Sie schmecken fruchtig süß mit einem sehr angenehmen Muskataroma, das an Ananas erinnert. Die wenigen Kerne stören kaum. Die schmackhafte Rebsorte wird aufgrund ihrer besonderen Eigenschaften und des hohen Ertrags auch für den kommerziellen Tafeltraubenanbau empfohlen.

WUCHS Die Sorte hat einen starken, aufrechten Wuchs.

GARANT, GARANTOS

II

HERKUNFT Züchtung des Staatlichen Weinbauinstituts Freiburg aus Solaris x Muscat bleu.

GESUNDHEIT Robuste, frostharte Sorte mit sehr guter Widerstandsfähigkeit gegen Echten und Falschen Mehltau.

FRUCHT An den langgestreckten, lockerbeerigen Trauben wachsen mittelgroße, gelbe Beeren. Sie haben eine knackige Schale und schmecken fruchtig süß mit einem leichten Muskataroma. Die kleinen Kerne werden nicht als störend empfunden. Die empfehlenswerte Tafeltraube wird auch für den kommerziellen Anbau empfohlen.

WUCHS Der Wuchs ist aufrecht und kräftig.

HIMROD

I

HERKUNFT Nordamerikanische Züchtung aus den Sorten Sultanina x Ontario.

GESUNDHEIT Die Widerstandsfähigkeit gegen Echten und Falschen Mehltau ist gut. Die Winterfrosthärte reicht nur bis -18 °C. Die Sorte neigt zum Verrieseln und benötigt daher einen windgeschützten Platz. Trotz der frühen Reife ist sie wenig attraktiv für Wespen.

FRUCHT Die großen, lockeren Trauben tragen feinschalige, gelbgrüne und kernlose Beeren. Sie schmecken süß, mit einem feinen Aroma von Himbeeren und Honig. Die Beeren trocknen, wenn sie am Stock belassen werden, zu Rosinen ein. Eine ideale Naschtraube, die auch gerne von Kindern gegessen wird.

WUCHS Wegen ihres starken Wuchses ist sie sehr gut zum Begrünen geeignet.

KATHARINA

HERKUNFT Österreichische Tafeltraubenzüchtung, Eltern: Eger x Original.

GESUNDHEIT Die Widerstandsfähigkeit gegen den Echten und den Falschen Mehltau ist gut. Die Frosthärte ist gut. Bei Regen neigen die Beeren zum Platzen. Daher ist die Sorte eher für trockene Regionen oder einen Anbau unter einem Dach geeignet.

FRUCHT Die großen, lockerbeerigen Trauben haben eine ansprechende Form. Die leuchtend rosafarbenen Beeren sind groß und länglich oval. Die Beerenhaut ist knackig. Der Geschmack ist süß und feinfruchtig.

WUCHS Der Wuchs ist aufrecht und sehr kräftig.

KISCHMISCH ROSÉ, KISHMISH ROSÉ

HERKUNFT Tafeltraube aus Azerbaijan, Mutation der Sorte Sultanina. Weitere Sorten mit dem Namen Kishmish (= kernlos) mit gelben und roten Trauben aus Vorder- und Mittelasien sind ebenfalls empfehlenswert.

GESUNDHEIT Die Widerstandsfähigkeit gegen Echten Mehltau ist gut, gegen Falschen Mehltau zumindest ausreichend. Infektionen mit dem Falschen Mehltau treten bei ungünstigen Bedingungen auf. Daher ist ein geschützter Anbau empfehlenswert. Die Frosthärte der Kishmish-Sorten ist sehr gut.

FRUCHT Die großen, wunderschön rosa gefärbten Beeren an sehr großen und kompakten Trauben sind kernlos und knackig. Mit süßem, feinfruchtigem Geschmack.

WUCHS Die Wüchsigkeit ist mittelstark.

KODRIANKA

I

HERKUNFT Tafeltraubensorte aus Moldavien, Eltern: Moldova x Marschalskij.

GESUNDHEIT Die Sorte besitzt eine gute Widerstandsfähigkeit gegen Echten und Falschen Mehltau sowie eine sehr gute Frosthärte.

FRUCHT Die sehr großen, bis zu 1,5 kg schweren Trauben sind ausnehmend dekorativ. Sie tragen große, tiefblaue Beeren in ovaler Form. Ihr Geschmack ist neutral und mild fruchtig. Die formschönen, großen Trauben sowie die hübschen Beeren und die wenig störenden Kerne machen diese Sorte auch für den kommerziellen Tafeltraubenanbau interessant.

WUCHS Der Wuchs ist kräftig. Die Sorte ist zur Begrünung gut geeignet.

LILA, LILLA

II

HERKUNFT Ungarische Tafeltraubenzüchtung aus Eger 2 x (Pannonia x Mathiasz Janos).

GESUNDHEIT Die Widerstandsfähigkeit gegen den Echten und den Falschen Mehltau ist zufriedenstellend. Bei Überreife ist die Sorte anfällig für Grauschimmel. Ihre Frosthärte ist gut.

FRUCHT Die riesigen Trauben tragen sehr große, knackige, ovale Beeren – in Weißgelb mit einem leichten Braunton. Die Kerne stören kaum. Der Geschmack der Beeren ist harmonisch, das Fruchtfleisch sehr fein. Alles in allem eine optisch und geschmacklich sehr empfehlenswerte Tafeltraubensorte.

WUCHS Der Wuchs ist sehr kräftig.

MUSCAT BLEU

HERKUNFT Schweizer Tafeltraubenzüchtung, Garnier 15/6 x Seyve Villard 20-347.

GESUNDHEIT Die Widerstandsfähigkeit gegen Echten und Falschen Mehltau sowie andere Pilzerkrankungen ist sehr gut, ebenso die Frosthärte. Wegen der Neigung zum Verrieseln ist ein windgeschützter Platz notwendig. Die Beeren werden gerne von Wespen angefressen.

FRUCHT Die großen, sehr lockeren Trauben tragen große, runde Beeren mit einer tiefblauen Färbung und einer knackigen Schale. Die Kerne werden zum Teil als störend empfunden. Der würzig-süße Geschmack der Beeren weist eine ausgeprägte Muskatnote auf. Die Sorte hat ein langes Erntefenster. Wegen ihres sehr guten Geschmacks ist Muscat bleu trotz der Kerne eine beliebte, blaue Esstraube.

WUCHS Der Wuchs ist kräftig. Die Blätter sind groß und dekorativ.

NEW YORK, LAKEMONT SEEDLESS

HERKUNFT Nordamerikanische Züchtung aus Ontario x Thomson Seedless.

GESUNDHEIT Die Widerstandsfähigkeit gegen den Echten Mehltau ist gut, gegen den Falschen Mehltau nur zufriedenstellend. Ein Befall beschränkt sich jedoch in der Regel auf die Blätter. Die Frosthärte ist ausreichend (bis -18 °C) .

FRUCHT Die mittelgroßen, sehr lockerbeerigen Trauben bestehen aus kleinen bis mittelgroßen, ovalen Beeren. Der Geschmack der kernlosen und sehr saftigen Sorte ist feinfruchtig und süß. Eine Speisetraube, die besonders bei Kindern sehr beliebt ist.

WUCHS Der Wuchs ist sehr kräftig mit einem hohem Ertrag. Dank ihrer großen und dekorativen Blätter ist die Sorte besonders gut zur Begrünung geeignet.

NEW YORK MUSKAT

I

HERKUNFT Amerikanische Tafeltraubenzüchtung aus Muscat Hamburg x Ontario.

GESUNDHEIT Die Widerstandsfähigkeit gegen Echten und Falschen Mehltau ist sehr gut, ebenso die Frosthärte.

FRUCHT Die sehr großen, schönen Trauben sind lockerbeerig und tragen große, tiefblaue Beeren – saftig und kernarm, mit einem angenehmen Geschmack, der mit einer leichten Erdbeernote überrascht. Die Sorte ist ideal für die Herstellung von Saft und Gelees geeignet und erfreut sich nicht nur in den USA großer Beliebtheit.

WUCHS Der Wuchs ist kräftig. Die dekorativen, sehr großen und starken Blätter haben eine wunderbare, rotviolette Herbstfärbung. New York Muskat ist gut zur Begrünung geeignet.

ONTARIO

II

HERKUNFT Nordamerikanische Tafeltraubenzüchtung, Winchell x Diamond.

GESUNDHEIT Die Widerstandsfähigkeit gegen Echten und Falschen Mehltau ist gut. Die Frosthärte ist ebenfalls als gut zu bewerten.

FRUCHT Die großen, lockerbeerigen Trauben bestehen aus großen, blauen Beeren mit ovaler Form und knackiger Schale. Ihr Geschmack ist süß und feinfruchtig. Die Kerne werden kaum als störend empfunden.

WUCHS Der Wuchs ist sehr kräftig. Im Herbst verfärben sich die dekorativen Blätter scharlachrot.

ORIGINAL

HERKUNFT Tafeltraubenzüchtung aus der Ukraine, Damaskaia roza x Seyve Villard.

GESUNDHEIT Robuste Sorte mit sehr guter Widerstandsfähigkeit gegen Echten und Falschen Mehltau. Die Frosthärte ist ebenfalls sehr gut.

FRUCHT Die Trauben sind groß und aufgrund der auffällig langgestreckten Form der Beeren sehr dekorativ. Die Spitzen und Bäckchen der gelben, dattelförmigen Beeren verfärben sich bei Vollreife rötlich. Ihr Geschmack ist feinfruchtig. Die Kerne stören kaum.

WUCHS Der Wuchs ist mittelstark und aufrecht. Die Sorte hat schöne, dekorative Blätter.

OSELLA

HERKUNFT Tafeltraubenzüchtung des Weinbauinstitutes Freiburg, Kreuzung aus Solaris x Muscat bleu.

GESUNDHEIT Die Widerstandsfähigkeit gegen Falschen Mehltau ist sehr gut, gegen Echten Mehltau gut. Die Frosthärte kann als gut eingestuft werden.

FRUCHT Die sehr großen und lockerbeerigen Trauben bestehen aus großen, blauroten Beeren mit knackiger Schale. Sie schmecken süß und angenehm fruchtig. Die Sorte ist aufgrund der frühen Reife sehr attraktiv für Vögel und Wespen, daher sollten die Trauben rechtzeitig mit Organza-Beuteln oder Netzen geschützt werden.

WUCHS Der Wuchs ist kräftig. Die sattgrünen Blätter sind sehr dekorativ, daher ist Osella gut zur Begrünung geeignet.

PHILIPP, PHILIPPS DATTELTRAUBE

III

HERKUNFT Österreichische Tafeltraubenzüchtung, Eger x Original.

GESUNDHEIT Robuste Sorte mit guter Widerstandsfähigkeit gegen Echten und Falschen Mehltau. Frosthärte und Holzreife sind ebenfalls gut.

FRUCHT Die großen Trauben erinnern wegen der spitz zulaufenden Form der Beeren an einen Igel. Die ungewöhnlich geformten Beeren sind tiefblau und haben eine knackige Schale. Der Geschmack ist feinfruchtig. Aufgrund des außergewöhnlichen Aussehens der Trauben und der robusten Gesundheit zählt Phillipps Datteltraube zu den attraktivsten Tafeltrauben – auch für den kommerziellen Anbau.

WUCHS Dank ihres sehr kräftigen Wuchses ist die Sorte gut zur Begrünung geeignet.

PÖLÖSKEI MUSKAT

II

HERKUNFT Ungarische Keltertraubenzüchtung, Zalagyöngye x (Glorie Hungriae x Erzsebet Kiralyne Emleku).

GESUNDHEIT Sehr robuste Sorte mit sehr guter Widerstandsfähigkeit gegen Echten und Falschen Mehltau. Die Frosthärte ist ebenfalls sehr gut.

FRUCHT Die großen Trauben tragen große, kugelförmige Beeren mit gelbgrüner Färbung. Der Geschmack ist süß und feinfruchtig mit einem leichten Muskataroma. Die ertragreiche Sorte wird vor allem in Ungarn zur Weinbereitung kultiviert, ist aber auch eine hervorragende Speisetraube. In Deutschland gibt es eine große Nachfrage für den kommerziellen Tafeltraubenanbau.

WUCHS Der Wuchs ist mittelstark und aufrecht.

REGENT

HERKUNFT Deutsche Züchtung des Rebenzüchtungsinstitutes Geilweilerhof, Pfalz. Eltern: Diana (Silvaner x Müller Thurgau) x Chambourcin.

GESUNDHEIT Die Widerstandsfähigkeit gegen Echten und Falschen Mehltau ist gut, ebenso die Frosthärte. Da die Sorte verrieselungsanfällig ist, braucht sie einen windgeschützten Platz.

FRUCHT Die mittelgroßen bis großen Trauben tragen mittelgroße, blaue Beeren mit einer knackigen Schale. Regent wird als Keltertraube vor allem im ökologischen Weinbau kultiviert. Die Allroundsorte ist sowohl für den Direktverzehr als auch für die Saft- und Weinbereitung sehr gut geeignet.

WUCHS Die Wüchsigkeit ist mittelstark. Die Blätter haben eine schöne, rote Herbstfärbung.

ROMULUS

HERKUNFT Nordamerikanische Tafeltraubenzüchtung aus Ontario x Thompson Seedless.

GESUNDHEIT Die Widerstandsfähigkeit gegen Echten und Falschen Mehltau ist gut. Romulus weist zudem eine sehr gute Frosthärte auf.

FRUCHT Die großen, länglichen Trauben der ertragreichen Sorte sind lockerbeerig und bestehen aus gelbgrünen, mittelgroßen, kernlosen Beeren, die durch einen Wachsbelag beduftet sind. Der Geschmack ist süß und harmonisch – nicht nur bei Kindern eine sehr beliebte Esstraube.

WUCHS Die starkwüchsige Sorte hat eine wunderschöne Herbstfärbung mit rosafarbenem bis rotem Laub.

SOLARIS

HERKUNFT Deutsche Keltertraubenzüchtung des Weinbauinstitutes Freiburg: Merzling x Geisenheim 6493.

GESUNDHEIT Die Widerstandsfähigkeit gegen Echten und Falschen Mehltau ist sehr gut, ebenso wie die Frosthärte.

FRUCHT Die mittelgroßen Trauben tragen lockere, mittelgroße Beeren – goldgelb, mit saftig süßem und feinfruchtigem Geschmack, dessen Aroma an exotische Früchte erinnert. Solaris ist eine Allroundsorte. Sie liefert köstliche Speisetrauben und fruchtige Weißweine in allen Qualitätsstufen. Dank der frühen Reife werden auch köstliche Dessertweine erzeugt. Vor allem im ökologischen Weinbau wird die Sorte vermehrt kultiviert.

WUCHS Relativ kräftig mit geringer Rankenbildung. Die großen, sattgrünen Blätter sind dekorativ.

SONJA

HERKUNFT Nordamerikanische Tafeltraubenzüchtung, Gold x Q 25-6, auch unter dem Namen Centennial seedless bekannt.

GESUNDHEIT Die Widerstandsfähigkeit gegen Echten und Falschen Mehltau ist gut. Die Frosthärte kann sogar als sehr gut bezeichnet werden.

FRUCHT Die großen Trauben sind lockerbeerig und tragen große, ovale, gelbe Beeren mit dünner Schale und ohne Kern. Der Geschmack ist süß und fruchtig mit einem feinen Muskataroma. Nicht nur bei Kindern eine beliebte Speisetraube. Die Sorte hat ein langes Erntefenster und liefert Trauben bis in den Oktober.

WUCHS Aufrecht und kräftig. Die Blätter sind aufgrund einer starken Lappung sehr dekorativ.

STEFANIE, STEPHANIE

II

HERKUNFT Österreichische Tafeltraubenzüchtung: Perle von Zala x Perlette.

GESUNDHEIT Die Widerstandsfähigkeit gegen Echten und Falschen Mehltau ist gut, ebenso wie die Frosthärte.

FRUCHT Die großen Trauben sind lockerbeerig. Die großen, goldgelben Beeren haben wenige, nicht störende Kerne und eine knackige Schale. Ihr Geschmack ist süß und feinfruchtig. Eine empfehlenswerte Tafeltraube, die aufgrund ihrer hohen und stabilen Erträge auch für den kommerziellen Anbau geeignet ist.

WUCHS Aufrecht und stark.

SUFFOLK RED

II

HERKUNFT Tafeltraubenzüchtung aus den USA, Kreuzung aus Fredonia x Kishmish chernyi.

GESUNDHEIT Die Sorte besitzt eine gute Widerstandsfähigkeit gegen Pilzkrankheiten. Die Frosthärte ist nur mittel.

FRUCHT Die dekorativen Trauben sind mittelgroß und lockerbeerig. Der Geschmack der wunderschön rosarot gefärbten mittelgroßen und kernlosen Beeren ist feinfruchtig mit einem angenehmen Erdbeeraroma. Die Sorte liefert an einem geschützten Standort hohe Ernteerträge. Aus diesem Grund und wegen der schönen Beerenfarbe sowie der Kernlosigkeit gilt die Sorte als gute Sortimentsergänzung, auch im kommerziellen Tafeltraubenanbau.

WUCHS Die Sorte ist stark wüchsig.

SUZI

II

HERKUNFT Ungarische Tafeltraubenzüchtung, Kreuzung aus Villard blanc x Pannonia kincse.

GESUNDHEIT Eine robuste Sorte mit sehr guter Widerstandsfähigkeit gegen Echten und Falschen Mehltau sowie sehr guter Frosthärte.

FRUCHT Die Trauben sind sehr groß und tragen große, nicht ganz runde Beeren, die bei Vollreife eine wunderschöne goldgelbe Färbung aufweisen. Die knackige Beerenhaut und eine angenehme, fruchtige Süße überzeugen bei Verkostungen. Eine empfehlenswerte Tafeltraube, auch für den kommerziellen Anbau.

WUCHS Der Wuchs ist sehr kräftig. Die Sorte bildet schnell eine dichte Laubwand.

THERESA, TEREZ

III

HERKUNFT Ungarische Tafeltraubenzüchtung aus Eger: 2 x Olympia.

GESUNDHEIT Die Widerstandsfähigkeit gegen Echten und Falschen Mehltau sowie die Frosthärte gelten als gut.

FRUCHT Die sehr großen, lockerbeerigen Trauben tragen große, knackige, ovale Beeren, die bei Vollreife einen leichten Rosé-Schimmer bekommen. Der Geschmack ist fruchtig und aromatisch. Wegen der späten Reife benötigt Theresa auf jeden Fall einen sehr sonnigen und windgeschützten Standort. Die Sorte sollte nicht in kühlen Gegenden angebaut werden, da sie dort oft nicht die volle Reife erreicht. Sie ist sehr gut für Gewächshaus und Wintergarten geeignet.

WUCHS Aufrecht und kräftig.

VANESSA

I

HERKUNFT Kanadische Tafeltraubenzüchtung, Eltern: Seneca x N. 45910.

GESUNDHEIT Die Widerstandsfähigkeit gegen Echten und Falschen Mehltau ist gut, die Frosthärte ebenso.

FRUCHT Die großen Trauben sind lockerbeerig und ansprechend geformt. Die knackige Schale der kernarmen, goldenen Beeren verfärbt sich mit zunehmender Reife rosa. Der Geschmack ist saftig süß mit einem angenehmen Erdbeeraroma. Wegen der wunderschön gefärbten Früchte ist die dekorative Gartentraube auch für den kommerziellen Anbau empfehlenswert.

WUCHS Der Wuchs ist mittelstark. Die Blätter sind sehr groß und bestechen durch ihre rot gefärbten Blattstiele. Im Herbst überzeugen sie mit einer wunderschönen Herbstfärbung.

VENUS

II

HERKUNFT Tafeltraubenzüchtung aus den USA, Alden x New York 46000.

GESUNDHEIT Robuste Sorte mit einer guten Widerstandsfähigkeit gegen Echten und Falschen Mehltau. Die Frosthärte ist gut.

FRUCHT Die Trauben sind mittelgroß und lockerbeerig. Die blauen, fleischigen, mittelgroßen Beeren der ertragreichen Sorte sind kernlos und dünnschalig. Unreife Beeren besitzen einen deutlichen Erdbeergeschmack (Foxton), der sich mit Vollreife verliert. Der Geschmack ist dann fruchtig süß mit angenehmen Beerenaromen.

WUCHS Wegen des kräftigen Wuchses ist die Sorte sehr gut für die Begrünung von Pergolen und Carports geeignet. Die schönen, großen Blätter zeigen im Herbst eine dekorative rote Färbung.

Service

NÜTZLICHE ADRESSEN

Pflanzen und Zubehör

Rebschule Wolf
Alter Dürkheimer Weg 7
67098 Bad Dürkheim-Ungstein
Tel.: 0 63 22 / 6 32 37
www.wolfs-reben.de

Rebschule Freytag
Theodor-Heuss-Str. 78
67435 Neustadt a. d. Weinstraße
Tel.: 0 63 27 / 21 43
www.rebschule-freytag.de

Rebschule Martin
U. Martin GmbH
Rebschule (K39)
67599 Gundheim
Tel: 0 62 44 / 803
www.rebschule-martin.de

Rebschule Steinmann
Sandtal 1
97286 Sommerhausen
Tel.: 0 93 33 / 2 25
www.reben.de

Rebschule H. Schmidt
Marktbreiter Str. 30
97342 Obernbreit
Tel.: 0 93 32 / 34 52
www.rebschule-schmidt.de

Baumschulen mit Rebsortiment

Bioland-Baumschule PFLANZLUST
Niederelsungerstr. 23
34466 Wolfhagen-Nothfelden
Tel.: 0 56 92 / 86 35
www.biobaumversand.de

Kammbach Baumschule
Schulstraße 52
98660 Kloster Veßra
Tel.: 03 68 73 / 2 19 23
www.baumschule-kammbach.de

Pflanzenschutz-Gartentelefone

Gartenakademie Bayern
www.lwg.bayern.de/garten-akademie/

Gartenberatung Hessen
www.llh.hessen.de/pflanze/freizeitgartenbau/beratung-und-dienstleistungen-im-freizeit-gartenbau

Gartenberatung Niedersachsen
www.lwk-niedersachsen.de/gartenakademie/news/7721_Gartentelefon_Gartenberatung_Gartentipps

Nützlinge

Katz Biotech AG
An der Birkenpfuhlheide 10
15837 Baruth
Tel.: 03 37 04 / 6 75-10
www.katzbiotech.de

W. Neudorff GmbH KG
An der Mühle 3
31860 Emmerthal
Tel.: 0 51 55 / 624-0
Beratungstelefon: 0 51 55 / 624-4888
www.neudorff.de

Begrünungssysteme

Ranktechnik
Thomas Brandmeier
Reutackerstr. 12
79591 Eimeldingen
Tel.: 0 76 21 / 70 56 10
www.brandmeier.de

Kellereiartikel und Zubehör

hbs24 shop
Winzereibedarf
Inh. Rita Deutschmann
Bahnhofstr. 10
31606 Warmsen-Bohnhorst
Tel.: 0 57 67 / 94 37 80
www.hbs24.com

Speidel Tank- und Behälterbau GmbH
Krummenstr. 2
72131 Ofterdingen
Tel.: 0 74 73 / 94 62-0
www.speidel-behaelter.com

Emil Dornauer e.K.
Kellereibedarf
Rosengasse 19a
97070 Würzburg
Tel.: 09 31 / 51 63 0
www.dornauer.de

Paul Arauner GmbH & Co. KG
Reinzuchthefe
Wörthstr. 34-36
97318 Kitzingen-Main
Tel.: 0 93 21 / 1 35 00
www.arauner.com

REGISTER

BILDNACHWEIS

Mit 141 Farbfotos von **Adobe Stock (2):** /radu79: 65 o.; /Wilfinger: 33 Mi.re.; **Helga Buchter-Weisbrodt (7):** 25 u.re., 28 u.re., 64, 74, 76 o., 77 u., 79 u.; **Andrea Christmann (4):** 8, 9 Mi.li., 10, 14; **digitalstock (1):** /BreisacherCW: 35; **Josef Engelhart (22):** 25 Mi.li., 31, 33 o.li., 33 o.re., 34, 43 o.li., 43 o.re., 43 Mi.re., 47 o., 49 u., 76 u., 80 o., 80 u., 81 o., 81 u., 84 u., 86 o., 87 o., 87 u., 88 u., 89 o., 90 u.; **Flora Press (17):** 63 u.; /Belinda Anton: 36; /BIOSPHOTO: 39 o.re.; /Ursel Borstell: 9 u.li.; /Botanical Images: 72/73; /Emotive Images: 61 u.; /gartenfoto.at: 40 o.re.; /Daniela Kunze: 24, /Nova Photo Graphik: 51 Mi.re., 82 u.; /Pavel Ovsl̀k: 68; /Practical Pictures: 11 u.; /The Garden Collection: 75: 2.v.o.; /Frédéric Tournay: 45 Mi.; /Visions: 2 Mi., 4/5, 75 o.; **GAP Photos (7):** 53 o., 53 u.; /Dave Bean: 48 Mi.; /Marc Bolton (Design: Kate Frey): 11 o.; /Jonathan Buckley: 2 o.li. /Tim Gainey, 3; /Claire Higgins: 61 o.; **Josef V. Herrmann (3):** 46 o., 46 Mi., 47 Mi.; Hochschule Geisenheim (1): 46 u.; **Heinrich Hofmann (1):** 47 u.; **Carolin Küßner (2):** 58; 59 re.; **Thomas Lauer (1):** 6; **Mauritius Images (17):** /Alamy Stock Photos/blickwinkel/McPHOTO/HRM: 88 o.; /Alamy Stock Photos/blickwinkel/Oehlschlaeger: 51 o.li.; /Alamy Stock Photos/Lorenza photography: 51 o.re.; /Alamy Stock Photos /Nigel Cattlin: 48 o.; /Alamy Stock Photos/Per Karlsson, BKWine 2: 45 u.; /Alamy Stock Photos/Spirit-Prod33: 22 u.; /Alamy Stock Photos/Анастасия Короткова: 71; /Chromorange/Martina Raedlein: 45 o.; /CuboImages: 65 u.; /Elke Schwarzer: 40 o.li.; /foodcollection: 59 li.; /imageBROKER/Veeravong Komalamena: 51 u.re.; /McPHOTO/Hans-Roland Mueller: 91 o.; /Nikky Maier56 o.; /Pitopia/fotoknips: 70; /Pitopia / Katrin Henning: 48 u.; /Westend61 / Mareen Fischinger: 39; u.re.; **Wolfgang Redeleit (1):** 40 Mi.li.; **Reinhard-Tierfoto (4):** /Hans Reinhard: 13 Mi., 15, 54/55; /Nils Reinhard: 39 o.li.; **Angelika Schartl (14):** 9 o.li., 13 o., 37 o.li., 37 Mi.re., 37 u.li., 49 o., 66/67 (alle 6), 75 3. v.o., 75 u.; **Rebschule H. Schmidt (8):** 78 u., 79 o., 82 o., 83 o., 84 o., 85 u., 86 u., 89 u.; **Shutterstock (3):** /Brandon Bourdages: 20/21; /Stephanie Frey: 56 u.; /Wiktory: 61 Mi.; **Rebschule Steinmann (8):** 22 o., 77 o., 78 o., 25 o.re., 83 u., 85 o., 90 o., 91 u.; HYPERLINK „https://www.stockfood.de/suche?photographer=f515" **StockFood (1):** /Holler, Hendrik: 69; **Gartenbildagentur Strauss (17):** /Clive Nichols Photography: 16/17 (alle 5); /Martin Staffler: 96; /Friedrich Strauss: 2 o.re., 9 u.re., 12, 19 li., 19 re., 26, 28 o.li., 28 o.Mi., 44, 49 Mi., 63 o.;

Mit 12 Illustrationen von Claudia Schick, Neumarkt.

IMPRESSUM

Umschlag- und Klappengestaltung von Claudia Adam Graphik-Design, Bad Kreuznach unter Verwendung von zwei Farbfotos von GAP Photos/Tim Gainey (Umschlagvorderseite: Black Alicante) und Flora Press/BIOSPHOTO (Umschlagrückseite) sowie sechs Fotos auf der Innenklappe vorn: GAP Photos/Nova Photo Graphik: u.li., o.re.; GAP Photos/Howard Rice: u.Mi.; Mauritius Images/Alamy Stock Photos/blickwinkel/McPhoto/HRM: u.re.; Mauritius Images/imageBroker/Gabriele Hanke: o.li.; Rebschule H. Schmidt o.Mi., sechs Illustrationen auf der Innenklappe hinten: Claudia Schick und einem Foto auf der Außenklappe hinten: privat.

Mit 149 Farbfotos und 18 Farbzeichnungen.

Alle Angaben in diesem Buch sind sorgfältig geprüft und geben den neuesten Wissensstand bei der Veröffentlichung wieder. Da sich das Wissen aber laufend in rascher Folge weiterentwickelt und vergrößert, muss jede Anwenderin bzw. jeder Anwender prüfen, ob die Angaben nicht durch neuere Erkenntnisse überholt sind. Dazu muss sie bzw. er zum Beispiel Beipackzettel zu Dünge-, Pflanzenschutz- bzw. Pflanzenpflegemitteln lesen und genau befolgen sowie Gebrauchsanweisungen und Gesetze beachten. Die Fruchtfarben sind sortenabhängig, daher können auch Farben auf dem Markt sein, die im Buch nicht genannt werden. Die Blütezeiten sind ebenfalls sortenabhängig, aber auch klima- und standortabhängig. Die angegebenen Wuchshöhen und -breiten der Pflanzen sind Mittelwerte. Sie können je nach Nährstoffgehalt des Bodens variieren. Verschiedene Sorten können deutlich größer oder auch kleiner wachsen als die Art.

Unser gesamtes Programm finden Sie unter **kosmos.de.**
Über Neuigkeiten informieren Sie regelmäßig unsere Newsletter, einfach anmelden unter **kosmos.de/newsletter**

print 4 climate®
klimafreundlich gedruckt

Gedruckt nach der Richtlinie „Druckerzeugnisse" des Österreichischen Umweltzeichens. gugler*print, Melk, UWZ-Nr. 609, www.gugler.at

Sicher. Kreislauffähig. Klimafreundlich.
C2C Certified® SILBER by gugler*
drucksinn.at

Gedruckt auf umweltfreundlichem Papier, klimaneutral hergestellt.

ISBN 978-3-440-17855-3
Projektleitung und Redaktion: Carolin Küßner
Gestaltungskonzept: GRAMISCI Editorialdesign/Cornelia Sekulin
Gestaltung und Satz: Katrin Kleinschrot
Produktion: Klaus Jost
Druck und Bindung: Gugler GmbH, A-Melk/Donau
Printed in Austria / Imprimé en Autriche